本书由 中央高校基本科研业务费专项资助资金
(No.NS2016027) 资助出版

航空动力系统滑模控制

肖玲斐 著

Sliding Mode Control for
Aerospace Power System

ZHEJIANG UNIVERSITY PRESS
浙江大学出版社

内容简介

本书深入浅出地介绍了滑模控制理论及方法在航空动力系统中的应用。本书第 1 章介绍航空动力系统的历史和发展及其主要控制理论与方法,第 2 章介绍航空发动机控制系统数学模型,第 3 章介绍基于线性滑模面的航空发动机滑模控制,第 4 章介绍基于积分滑模面的航空发动机滑模控制,第 5 章介绍基于高阶滑模面的航空发动机滑模控制,第 6 章介绍基于终端滑模面的航空发动机滑模控制,第 7 章介绍基于滑模观测器的航空发动机控制系统设计,第 8 章介绍航空动力系统其他部件的滑模控制。

本书可作为航空航天、自动化、能源与动力相关领域从事系统建模、控制、分析与设计等研究与应用工作的科研人员、工程技术人员和高等院校相关专业的教师、高年级本科生、硕士生和博士生的参考书。

前　言

　　航空动力系统向飞机提供向前运动的推力,为飞机的升空提供必要的速度,其最主要的部分是航空发动机。随着各国经济和科技的发展,人们对航空动力系统控制性能的要求也越来越高,这无疑增加了航空动力系统的控制难度。

　　滑模控制方法由于其变结构的自身特征,对参数摄动及外干扰等不确定因素具有良好的鲁棒性,同时算法结构相对简单,容易实现,因此受到控制领域越来越多的关注。

　　目前我国航空航天事业发展迅猛,高校航空航天类专业学生及科研人员规模不断扩大,对航空航天类专业相关书籍的需求旺盛。鉴于此,本人通过总结多年的教学经验与科研成果,针对航空动力控制系统,以滑模控制理论和方法为主线,撰写了本书。

　　本书主要以航空发动机为对象,研究多种滑模控制设计方法,并开展了仿真验证工作。具体包括:首先,介绍航空发动机的建模方法和数学模型,为后续的研究提供基础;其次,先后基于线性滑模面、积分滑模面、二(高)阶滑模面和终端滑模面设计了不同的航空发动机滑模控制器;最后,针对航空发动机状态不完全可测问题,研究了滑模观测器的设计方法。此外,本书还以航空发动机燃油控制系统和磁悬浮轴承转子系统为对象,介绍滑模控制在航空动力系统其他部件中的应用情况。

　　本人衷心地感谢我的老师、同仁、学生和家人,感谢你们对本书撰写提供的帮助和支持。

　　在本书的编辑出版过程中,浙江大学出版社的许多工作人员付出了辛勤的劳动,本人在此一并表示感谢。

　　限于本人能力,本书难免有不足甚至错误之处,恳请读者和各界专家学者批评指正。

肖玲斐

2017 年 9 月

目　录

第1章 绪 论

1.1 航空动力系统的历史和发展

航空动力系统由飞行器上的发动机、进气和排气装置等组成,有的航空动力系统还包括螺旋桨,其中发动机是动力系统的主要组成部分,进气装置常称为进气道,排气装置常称为尾喷管。航空动力系统是飞行器的动力源,用于产生飞行器飞行所需要的推力或力矩,常被比喻为飞行器的心脏,是飞机性能的决定因素之一。航空动力系统通过控制系统控制发动机的工作状态来改变推力或功率,借此满足飞行器在不同飞行条件以及工作状况下的要求,发动机控制系统常被比喻为动力系统的神经中枢[1-9]。

航空发动机将燃料的热能或其他形式的能转变为机械能,它的性能是决定飞行器性能的主要因素之一。飞机的飞行速度、飞行高度、航程、载重量和机动作战能力的提高,在很大程度上取决于发动机的改进和发展。现代航空发动机具有推重比大,迎风面积小,起动、加速快,适应机动飞行,使用维修简便,工作可靠等优点。军用飞机发动机主要有用于战斗机/攻击机、教练机/轻型攻击机的发动机和巡航导弹、靶机及其他遥控飞行器用的短寿命发动机[2]。

不断提高飞机性能的要求,刺激着发动机技术的发展。到20世纪30—40年代,活塞式发动机技术已发展到很高的水平,但是它的进一步发展受到自身工作方式的严酷限制,不能满足进一步提高飞行速度的要求。因为飞机要求的功率随飞行速度的3次方增长,且活塞发动机重量也随功率的3次方增长,则发动机重量随飞行速度的9次方增长,当飞行速度超过某限值后,发动机的重量将使飞机不能承受[3]。20 世纪 40 年代初,英国和德国先后发明了燃气涡轮发动机,在到 21 世纪初的短短的 60 多年,航空动力技术进步巨大,对航空工业的迅猛发展起到了关键性的作用,飞机每一个大的飞跃都与动力的更新换代密切相关[2]。自 20 世纪 40 年代至 21 世纪初,军用发动机大致经历了从涡喷到涡扇发动机的 4 次更新换代,其中第一代已全部退役;第二代除英、美外其他国家还在部分使用;第三和第四代为世界各国现役主战机种的动力装置。第四代发动机具有高推重比、小涵道比、高增压比、高涡轮进口温度、结构简单可靠、耐久性和可维护性好及低寿命期费用等特点。民用飞机的动力装置同样经历了从涡喷到涡扇发动机的发展过程,现在涡扇发动机已成为民用大型干线客机和新型支线客机的主要动力装置。目前,民用大涵道比涡扇发动机相比于早期的涡喷发动机,在性能、经济性、安全可靠性、噪声和污染排放等指标上均有了很大提高[4]。

今后,世界航空发动机技术将呈加速发展的态势,向高推重比、高速度、宽使用范围、高可靠性和适用性、低油耗、低噪声、低污染、低成本的方向发展[5]。

1.2　航空发动机控制系统发展

现代航空发动机一般为燃气涡轮式发动机,主要包括涡喷发动机、涡扇发动机、涡轴发动机和涡桨发动机。随着飞机和发动机性能的不断提高,航空发动机控制系统也已逐步由 20 世纪 40 年代的简单液压机械式控制系统发展为现代的全权限数字式电子控制(Full Authority Digital Electronic Control, FADEC)系统,从单变量控制发展为多变量控制,从推进系统独立控制向飞机—推进系统综合控制发展,并进一步由集中式控制向分布式控制发展。例如,早期的 J17 涡喷发动机通过控制燃油流量这一个变量来保证系统的稳定工作,对于这种系统,液压机械控制器可以完全控制,且其工作较为可靠;而后的 F100 加力涡扇发动机具有七个控制变量,借助计算机产业的迅猛发展,采用了具有较强功能的数字电子控制装置[5−8]。

自 20 世纪 90 年代,世界先进工业国家已经完成了航空发动机控制系统从液压机械控制向数字电子控制的技术转变,21 世纪初美国在飞机猛禽 F22 上的发动机 F119-PW-100 上安装了第 4 代 FADEC 系统。现今,航空发动机FADEC 系统的研究和验证工作仍在先进工业国家持续进行。

在 FADEC 系统中,航空发动机的所有控制功能全部由数字式电子控制器负责,除此它还负责 FADEC 系统的容错控制、故障诊断和发动机的状态监测,以提高控制系统的稳定性和可靠性。数字式控制器具有计算精度高、逻辑功能强、运算速度快等良好特性,使得 FADEC 系统提高了系统的控制精度,实现了复杂规律控制,提高了可靠性,其灵活性可设计出最佳控制规律,降低研制成本,缩短研制周期[1,6]。

为满足日益严格的航空发动机控制需求,控制系统设计必须采用新的方法和技术来达到这些要求,其中应用现代控制理论和先进控制算法是一个重要方面。例如,以 F119 发动机为典型代表的现代先进发动机控制系统,采用了机载自适应实时优化控制、主动控制、容错控制、健康管理、延寿控制等先进的发动机控制方法与技术。

为了不断满足发动机发展的需求,未来控制系统的发展目标是提高性能,减轻重量,耐恶劣环境能力加强,提高可靠性和维护性,因此控制系统将向综合化和智能化方向发展[5]。经过众多专家学者多年的探索,国际上对航空发动机控制系统的发展方向给出以下几点指引和建议[7]:

（1）提高发动机的性能。使航空发动机获得更加优异的动力性能。

（2）改善发动机安全可靠性。在获得优异动力性能的同时,使发动机运行更加安全可靠,降低事故发生率。

（3）延长使用年限。在考虑提升发动机可靠性的条件下增加它的工作年限,延长返厂大修周期。

（4）基本不改变硬件余度。使发动机的硬件余度结构不过于复杂,不为发动机的运行增加额外负担。

（5）缩短研制、生产周期。研制生产过程更加程式化,提高生产效率。

（6）降低制造、维修的成本。在不降低发动机性能的条件下降低成本。

（7）提高 FADEC 的技术水平。应用微电子技术的最新科研成果,尝试将新的、优异的控制技术应用于控制系统,使控制系统研发保持一个良好成长空间。

1.3 航空发动机控制系统要求

航空发动机控制的目标是在整个飞行包线内提供可靠和稳定的工作,需要在发动机的各个机械设计限制、气动热力限制之内,提供保证飞机各种工作状况所需要的控制量,适当调节一些可变几何参数,从而得出安全的发动机性能,并且迅速响应。

对于航空发动机控制系统的要求,主要有以下几点:

(1) 稳定性良好,任何控制系统都必须稳定,即在飞行条件发生变化或受到干扰时,始终能按照预定的规律保持稳定状态或能迅速恢复到原始状态;

(2) 动态品质良好,发动机工作状态过渡时,能快速操纵,过渡时间短,且不超温、不超转、不喘振、不熄火;

(3) 控制精度高;

(4) 便于调整,移植性好;

(5) 容错性强,可靠性高,且便于维护。

1.4　航空动力系统中的现代控制理论与方法

航空动力系统向飞机提供向前运动的推力,为飞机的升空提供必要的速度,包括发动机、动力辅助装置等,最主要的部分是航空发动机。随着航空发动机的不断改进与提高,过去液压机械式的发动机控制系统很难满足人们对发动机控制系统日益增长的性能需求。近年来,伴随着航空发动机全权限数字电子控制研究的迅速发展,很多现代先进控制理论与方法在航空动力系统中得到广泛关注与深入研究,如线性二次型最优控制、鲁棒控制、自适应控制、预测控制、智能 PID 控制、滑模控制等。

1.4.1　线性二次型最优控制

对于早期的单输入单输出系统,完全可以采用经典控制理论进行设计,并且可以取得良好的控制效果,但是随着计算机技术的进步和航空发动机控制变量的增多,经典控制理论已经不能满足要求,相对而言,多变量控制系统得以迅速发展。现代控制理论的一些方法已经成功运用到航空发动机控制中。线性二次型调节器(linear quadratic regulator,LQR)是航空发动机多变量控制中最先出现的研究方法。美国飞行研究实验室(现为美国技术研究中心)首次在发动机控制器设计中采用了 LQR 多变量控制技术。美国空军莱特航空试验室(现为空军研究实验室)于 1973 年开始将这一技术应用到 J85 发动机上,并从

1975 年到 1978 年,和 NASA 刘易斯实验室共同研制多变量控制,在 LQR 控制器中加入简单的过渡态逻辑技术和极值参数限制技术,有效地实现了大过渡态控制,研制的多变量数字电子控制器装备用在 F-15 飞机上的 F100 发动机上,并在美国航天局高空试验台上成功验证,促进了以高度综合数字电子控制为核心,包括综合飞行推进控制、发动机自适应控制、发动机延长寿命控制和进气道一体化控制在内的综合控制技术的发展[9]。

1.4.2　鲁棒控制

航空发动机对于控制来说是比较特殊的对象,其不仅是多输入多输出系统,结构复杂,而且还具有一定程度的不确定性。想要确保航空发动机控制系统在整个飞行包线内都正常稳定工作且动、静态性能品质达标是一件不容易的事。

多变量控制中的鲁棒控制方法可以克服一定的系统模型误差,适用于像航空发动机这样复杂的难以精确建模的系统。与自适应控制相比,鲁棒控制无须自动调整控制器参数,只需使发动机对参数变化和外界干扰不敏感。采用鲁棒控制设计方法,当系统受到外界干扰或内部参数变化时,发动机仍能保持良好的稳定性和动态特性。

鲁棒控制方法包括 LQG/LTR 控制理论、H∞ 控制理论等。国外针对 GE21、F100、T700 等发动机开展过线性二次高斯控制/回路传递恢复控制 (linear quadratic Gaussian with loop transfer recovery, LQG/LTR) 研究[10-13],针对 Spey MK202、RM12 等开展过 H∞ 控制的研究[14-16]。20 世纪 90 年代后,国内也出现了许多航空发动机多变量鲁棒控制研究报道,航空发动机多变量鲁棒控制研究的理论水平和先进国家差距较小,由于试验设备和条件的限制,试验研究和国外尚有差距[17-22]。

1.4.3　自适应控制

航空发动机在不同的飞行条件下工作,内部参数变化较大,使得特性相应发生变化。而自适应控制可以在被控对象和环境的数学描述不完全确定的情况下设计相应的控制,可以自动调整参数控制规律以达到指定的性能指标,自适应控制也已被应用于航空发动机的控制中[23-29]。

在国外,20 世纪 80 年代就开始进行先进自适应控制策略在航空发动机上的应用研究,如美国在 F-15 战斗机发动机上开展自适应控制研究[23]。在国内,文[24]提出了仅利用输入输出测量值的多变量模型参考自适应分散控制方案，并将该方案应用于双转子涡喷发动机控制系统，其参数调节律也是比例—积分型。文[25]研究了神经网络自适应控制方法及其在航空发动机控制中的应用。文[26]提出了一种基于相似理论的航空发动机自适应PID控制和航空发动机自校正控制方案。文[27]基于神经网络获得了飞行状态与自适应律参数之间的映射关系，建立了能够根据发动机工作条件而自我调节的智能调节机构，从而设计出一种航空发动机多变量自适应控制系统。文[28]以航空发动机为研究对象，采用数字仿真与实物在回路仿真试验相结合的方法，从工程实用的角度，对航空发动机开展模型参考自适应控制和基于自适应控制的神经网络补偿技术研究。文[29]针对涡轴发动机提出了一种模糊自适应PI控制方法。

1.4.4　预测控制

预测控制是在工业实践过程中发展起来的一种基于模型的闭环优化控制策略，在实际复杂生产过程控制中，显示出较好的鲁棒性能和良好的应用效果[30]。随着计算机技术的飞速发展，预测控制的应用领域也迅速扩展到包括航空、航天在内的众多工程领域[31-37]。

以航空涡轴发动机为例，涡轴发动机控制系统的主要功能之一是保持直升机旋翼转速恒定，当旋翼总距发生较大变化时，一般的PID控制方法较难获得良好的动态性能。随着FADEC控制系统的日益发展，越来越多的科研人员尝试用各种先进控制方法设计发动机控制系统。文[32]通过原始高阶物理模型获得降价模型，设计了用于燃气轮机的非线性预测控制方法。文[33]在某实验室的燃气涡轮装置上进行了非线性预测控制实验。文[34]针对某军用发动机，基于简单的实时模型和扩张Kalman滤波器，设计了非线性预测控制器，实现了输出反馈控制。文[35]对涡轴发动机进行了非线性模型预测控制研究，但是基于神经网络建立的预测模型泛化能力有限，算法相对复杂，对实时性有一定影响。文[36]通过建立数值稳态非线性模型和ARX(Auto Regressive eXogenous)动态线性模型相并联的涡轴发动机组合模型，基于多步输出预测和在线滚动优化，设计了非线性预测控制器，实现了当旋翼负载变化时，功率涡轮转速恒定，而且收敛速度快，稳态精度高，超调量小。文[37]针对涡轴发动机，建立了数值稳态非线性模型和ARX动态线性模型相串联的组合模型，并将其作为预测模型，设计了非线性预测控制器，由于优化求解控制器时避免了非线性规划问题，控制系统的实时性得以保证。

1.4.5　智能 PID 控制

PID 控制由于具有设计思想简单、可靠性高等优点，被广泛应用于航空、航天、电力、流程工业等领域[38]。在航空发动机控制系统中，PID 控制仍然占有重要地位，例如美国 FADEC 系统的主要基本控制算法中就有变增益的 PI 控制。

不过，传统的 PID 控制的参数只适用于一定工作范围内，而且获取参数时需要该范围内的线性模型。此外，传统的 PID 参数整定方法，如 Ziegler-Nichols 法、间接寻优法[39]等，虽然具有比较好的寻优能力，能改善控制系统性能，但对经验依赖较强，且对初值敏感，整定过程烦琐，缺乏自适应能力。

对于航空发动机而言，当飞行条件和工作状态变化，发动机模型随之改变，就整个包线范围内来讲，基于传统的 PID 参数整定方法难以满足航空发动机的要求，控制品质欠佳。为了解决发动机的非线性特性，一般将飞行包线划分成若干个区域，每个区域整定一套控制器参数，而由于缺乏准确的发动机数学模型，导致控制器的设计变得困难[40]。所以，有大量的学者针对航空发动机开展了基于智能方法的 PID 控制研究[40−43]。

现代智能 PID 控制方法有基于遗传算法的 PID 控制[41]、基于神经网络的 PID 控制[42]等。但是遗传算法存在早熟的缺点，且处理规模小、设置参数多，而神经网络的理论和学习算法还有待于进一步完善和提高。文[38]的混合遗传算法的目标函数设计只考虑转速阶响应指标，尽管响应迅速，但会使执行机构输出（供油量）出现较大的超调，不利于系统稳定，因此，需要设计能兼顾各种性能指标的目标函数。文[39]提出一种利用新兴的群集智能算法——人工蜂群算法（artificial bee colony algorithm）来进行航空发动机 PID 控制器参数自整定的方法，建立了基于某型航空涡扇发动机在地面和高空状态点的数学模型。对于目标函数的设计，这些算法很多没有兼顾航空发动机模型的各项性能指标，比如文[43]的改进遗传算法中跟踪参考模型的目标函数设计方法寻优能力较弱，转速阶跃响应较慢。

1.4.6　滑模控制

航空发动机是一类多输入多输出而且不可避免存在不确定性的复杂非线性控制系统。一方面，随着各国航空科技的发展，发动机的工作状态复杂程度变高、可以控制的变量多、内部参数变量之间的耦合度高；另一方面，在实际的控制过程中,航空发动机在整个飞行包线内模型参数有很大的变化空间,且工作环境恶劣,外部干扰、性能退化等不确定性因素大量存在。这些不确定性主要体现在[44]:

(1) 发动机建模误差。航空发动机的热力过程非常复杂,用一个数学模型来精确地描述这一过程是很困难的,因此在建模过程中存在很多假设简化,这造成了建模误差。当用线性控制理论设计发动机控制系统的时候,需要建立发动机的线性模型,因此必须要对发动机非线性模型做线性化处理,得到一阶或二阶线性模型,线性化丢失了原本发动机模型的高阶特性。就发动机来讲,发动机飞行包线很大,我们不可能在飞行包线内取得每个点的数学模型,因此选择在整个区间内选部分点建立模型,别的点则通过插值方法等近似方法取得,这进一步降低了模型的精度。

(2) 发动机的结构变化。由于制造误差,不同批次的发动机在结构上存在一定差异,甚至同一批次的不同发动机在结构上也有着一定的差异,加上发动机寿命过程中的磨损、老化等都可能带来发动机结构上的变化,这些变化也是发动机数学模型难以描述的。

(3) 参数摄动。在实际的控制系统中,系统即使处在一个稳定的工作状态下,状态也不是始终保持不变的,实际上都存在一个随机的变化,这种变化是未知的,也就是常说的模型参数摄动,这也是数学模型难以精确表述的。

(4) 环境条件的随机变化。发动机建模假设外界环境处于定常状态,即大气温度、压力随着高度马赫数的变化已知,但是实际情况并不是这样。发动机即使处于同一高度同一马赫数,外部大气环境也是随机变化且不可预测的,而这些随机变化的环境也同样影响着发动机的特性和性能,这也是发动机数学模型精确描述不了的。

这些不确定性对于航空发动机控制系统的稳定性和动态性能都将产生很大的影响,因此其控制系统需要具有很好的鲁棒性。

滑模控制由于其变结构的特征,可以使得被控对象具有很强的鲁棒性,非常适合诸如航空发动机这样的非线性不确定系统的控制设计。Richter H[45-47]针对发动机开展了滑模控制相关研究,给出了多输入多输出情形的滑模调节器和设计点跟踪器,而且提出了采用滑模控制的发动机限制控制的理论和设计方法,并基于 NASA 格林研究中心开发的民用模块化航空推进系统仿真包(commercial modular aero-propulsion system simulation,CMAPSS)对其进行了线性和非线性仿真,验证了滑模限制控制方法在航空发动机上应用的可行性,具有较大的工程意义。文[48]提出了一种基于自适应 PSO 网络整定的航空发动机全程滑模控制方法。文[49]结合遗传算法和滑模变结构控制的优点,在滑模控制的基础上,提出一种基于遗传算法的滑模控制。该设计方法用遗传算法整定滑模控制规律参数,使得发动机稳定性良好,消除抖振现象。文[50]基于 BP 神经网络的方法建立了涡轴发动机在飞行包线内的变参数模型,结合滑模变结构控制算法的优点,提出了一种基于 PID 趋近律的滑模变结构控制方法。文[51]以民用涡扇发动机模型为研究对象,对常规滑模控制方法、模糊滑模方法、自适应滑模方法等滑模控制方法进行了设计点附近的线性仿真,并应用线性变参数建模方法对非线性动态过程进行了相应的仿真验证。文[52]基于二次积分滑模面设计了滑模控制器,该控制器能够使得系统迅速稳定,具有较小的超调量,且有较强的鲁棒性。根据 Lyapunov 稳定性理论,证明了二次型积分滑模面的可达性和航空发动机闭环系统的鲁棒稳定性。文[53]针对航空发动机仿射非线性系统在大偏差范围内的控制问题,基于精确线性化理论将航空发动机非线性系统模型线性化,设计了非线性滑模控制器,并针对关键非线性控制器参数,采用人工蜂群算法整定控制参数,求出最优参数,实现控制效果最优。文[54]针对同时含有执行器和传感器故障的航空发动机,结合自适应诊断,设计了滑模容错控制器。

1.5 本书结构

本书以航空动力系统为对象,在介绍滑模控制理论的基础上,阐述了航空动力控制系统设计过程中的滑模控制方法及其应用。各章的主要内容安排如下:

第 1 章:介绍航空动力系统的历史和发展、航空发动机控制系统发展和要求,以及航空动力系统中常用的现代控制理论与方法。

第 2 章:以涡轴发动机为例,根据发动机工作所遵循的气动、热力学规律,建立了航空发动机非线性部件级模型,在此基础上介绍航空发动机控制系统小偏差动态数学模型,为本书后续滑模控制系统设计提供模型基础。

第 3 章:介绍滑模控制基本理论,并基于线性滑模面,阐述航空发动机滑模控制器设计原理,并使用基于比例—等速—变速(PVC)趋近律和基于 PID 的趋近律设计滑模控制器,对仿真结果进行了对比分析。

第 4 章：基于积分滑模面，阐述涡轴发动机积分滑模控制设计方法。

第 5 章：基于二阶滑模面和任意阶滑模面，阐述涡扇发动机高阶滑模控制器设计方法。

第 6 章：基于终端滑模面，阐述涡轴发动机终端滑模控制器设计方法，并对线性滑模、积分滑模、二阶滑模、任意阶滑模和终端滑模控制方法进行对比。

第 7 章：对于状态不完全可测情况，分别设计了基于 Utkin 滑模观测器和基于 Walcott-Zak 滑模观测器的涡扇发动机滑模控制系统。

第 8 章：介绍航空动力系统中其他装置的滑模控制方法。

第 2 章　航空发动机控制系统数学模型

2.1　引　言

　　航空发动机是一个极其复杂的气动热力学系统,采用发动机数学模型进行仿真研究可以有效减少成本、降低实验风险,同时建立合理的数学模型是对航空发动机进行良好的控制、故障诊断的必要前提。

　　发动机的数学模型很多,一般来说可分为线性的或者非线性的、定常的或者时变的、静态的或者动态的、集中参数的或者分布参数的、实时的或者非实时的、连续的或者离散的、确定的或随机的等。

　　航空发动机非线性模型主要是由根据航空发动机的气动热力学规律得到的曲线、公式、图表等构成的数学模型,主要用于过渡态(如发动机加速、减速过程)的研究。面向控制的航空发动机线性模型,主要研究发动机在给定工作状态附近的动态特性,用于发动机控制系统设计和基于模型的故障诊断。

　　航空发动机数学建模方法主要有两种:试验法和解析法。试验法是根据航空发动机的试车数据进行相应处理,从而得到数学模型的方法;解析法根据航空发动机所遵循的气动热力学模型和共同工作方程建立数学模型。

　　试验法的基础是试验数据,必须拥有大量的真实发动机试验数据,然后用各种系统辨识的方法计算出发动机的数学模型。试验法虽然简单,但是必要条件是获取大量的航空发动机试车数据,而试验数据的获取代价是比较高昂的。

　　解析法中,部件级建模方法是较常采用的一种。部件级建模方法是根据发动机在工作过程中所遵循的气动热力学规律、力学规律等物理规律,利用各部件参数之间的数学公式逐步建立起发动机每个部件的子模型,最后根据部件进出流量平衡、高低压转子功率平衡、部件截面之间的压力平衡三个平衡方程表述发动机的稳态工作过程,根据部件进出流量连续、部件截面之间的压力平衡、高低压转子动力学规律表述发动机的动态工作过程[1,44]。

在发动机控制系统的设计与分析中,建立发动机传递函数形式或状态空间模型是多数理论研究的基础,其建立方法包括试验法和线性化方法[7,8,44,55]。

2.2　航空发动机非线性部件级模型建立

本节以涡轴发动机为例,简要介绍航空发动机部件级建模方法。

涡轴发动机部件级数学模型必须能够反映出真实发动机的工作特性和工作原理[44,55-57]。具体表现为:

(1) 进气道气体的压力和温度;

(2) 从进气道进来的气体经过压气机后的温度变化以及增压比;

(3) 燃烧室内所进行的化学反应引起的燃烧气体焓值、气体压力、气体流量、油气比以及温度值变化;

(4) 涡轮前燃气温度,经过燃气涡轮后燃气的焓值、温度、压力以及油气比变化;

(5) 燃气经过动力涡轮后气体的焓值、温度、压力以及油气比变化;

(6) 尾喷管内气体静压变化以及扩压损失。

部件级模型的缺点:

(1) 部件级模型依赖于部件特性,因此部件特性的准确度会影响模型精度;

(2) 在建模的过程中会对一些问题做适当简化或者假设,简化的程度也会在一定程度上影响部件级模型的精度;

(3) 采用 Newton-Raphson 方法来求解非线性程组的时候,解的初猜值的选取也会影响模型的收敛。

由于航空发动机构造非常复杂而且发动机在运转的过程中受到很多内部、外部因素的影响,所以在建模之前,需要对发动机工作过程中的一些问题在不影响发动机的基本性能的前提下做一些适当的简化,从而减少建模的工作量,把工作重心放在基本模型的建立上。

本书的假设如下:

（1）忽略热惯性和部件通道容积动力学以及摩擦因素的影响；

（2）航空发动机中的气体流动使用准一元流模型描述；

（3）转子的转动惯量为定常数；

（4）在发动机中气流速度比声速小得多的部件间，气流的绝热指数和密度按滞止气流计算。

考虑如下涡轴发动机，其结构如图 2-1 所示。

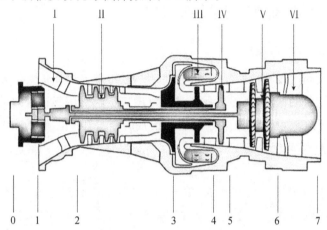

截面：0—远方未扰动截面；1—进气道进口截面；2—进气道出口截面（压气机进口截面）；
3—压气机出口截面（燃烧室进口截面）；4—燃烧室出口截面（燃气涡轮进口截面）；
5—燃气涡轮出口截面（动力涡轮进口截面）；6—动力涡轮出口截面（尾喷管进口截面）；
7—尾喷管出口截面。

部件：Ⅰ—进气道；Ⅱ—压气机；Ⅲ—燃烧室；Ⅳ—燃气涡轮；Ⅴ—动力涡轮；Ⅵ—尾喷管。

图 2-1　涡轴发动机结构[44]

本节按照气体在涡轴发动机内部流动状态建立发动机的各部件气动热力模型。涡轴发动机的气体流动顺序：空气依次经过进气道、压气机、燃烧室、燃气涡轮、动力涡轮，最后经尾喷管排出。气体流动示意图见图 2-2。

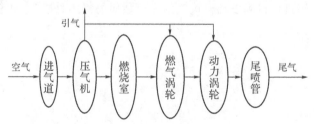

图 2-2　涡轴发动机内部气体流动情况

本节采用 S-Function 的 C 语言模式,根据 S-Function 语法规则建立了涡轴发动机各个部件的模型。对压气机模型、燃烧室模型、燃气涡轮模型、动力涡轮模型、尾喷管模型、旋翼模型分别进行函数级封装。另外建立了初猜值模块、特性数据插值模块、系数修正模块、燃气热力学计算模块、Newton-Raphson 方法求解这些非线性方程组模块等通用模块。

2.2.1　涡轴发动机各个部件模型

2.2.1.1　进气道模型

进气道是喷气发动机所需空气的进口和通道,进气道在负责给发动机提供一定流量的空气的同时,还需要保证进气道出口也就是压气机进口的气体的流场能够保证压气机以及燃烧室等部件的正常工作。其中在超声速飞行器中进气道还需要对高速气体进行加速增压,其增压作用在超声速下甚至超过压气机。

已知海平面附近的大气温度 $T_s = 288.15\text{K}$,海平面标准大气压强 $p_s = 1.01225 \times 10^5\text{Pa}$,11km 高度处的大气压强为 $p_{11} = 2.26 \times 10^4\text{Pa}$,设飞机的飞行高度为 H,则:

(1) 当高度 $H < 11\text{km}$ 时,当地的静温 T_0、大气静压 p_0 是:

$$T_0 = T_s + 6.5 \times H$$

$$p_0 = p_s \left(1 - \frac{H}{44.308}\right)^{5.255}$$

(2) 当高度 $H > 11\text{km}$ 时,当地的静温 T_0、大气静压 p_0 是:

$$T_0 = 216.6\text{K}$$

$$p_0 = p_{11}\,\mathrm{e}^{\frac{H-11}{6.338}}$$

涡轴发动机主要配备在直升机上,设直升机飞行的马赫数为 M_a,空气绝热指数 $k = 1.4$,则可以得到发动机进气道进口截面的气体总温 T_1 和总压 p_1 的计算方法:

$$T_1 = T_0 \left(1 + \frac{k-1}{2}M_a^2\right)$$

$$p_1 = p_0 \left(1 + \frac{k-1}{2}M_a^2\right)^{\frac{k}{k-1}}$$

直升机一般飞行高度为 $0 \sim 6\text{km}$,飞行马赫数为 $0 \sim 0.4$,因而在整个飞行包线内,压气机进口所需的气体的流速均大于飞机的前飞速度,压气机一般为收敛型,收敛型的压气机会引起流经气体的总压损失。一般在收敛型进气道的设计中,气体的总压恢复系数 σ_0 是衡量进气道性能的最为重要的特性参数之一,由于直升机的飞行马赫数比较小,所以在飞行包线内总压恢复系数的摄动也不大,为了减少建模复杂度,我们一般认为总压恢复系数 $\sigma_0 = 0.998$,为一个恒定值。在上节的假设中我们假设进气道模型中气流在进气道内是个绝热过程,因此在压气机出口气体总温 T_2 与压气机入口气体总温 T_1 相同,压气机出口气体总压 p_2 只需要考虑总压损失系数。所以压气机出口气体总温 T_2 和总压 p_2 参数为

$$T_2 = T_1$$
$$p_2 = p_1 \sigma_0$$

2.2.1.2　压气机模型

压气机在航空发动机中利用高速旋转压气机叶片做功,提高压气机出口的气体总压,使得燃烧室内的混合燃气的总压达到有利于燃烧的状态。压气机进口气流流场状态对压气机的性能有着很大的影响,为了减少建模的复杂度,我们假设压气机进口流场是稳定、均匀的。压气机的设计点一般给出压气机运转的转速、空气流量、气体增压比。但是压气机在实际的工作过程中,一般都是偏离设计点的,同时它的工作状态是不断变化的,压气机在各种工作状态下的性能数据称为压气机特性。在发动机的各部件特性中,压气机特性对发动机的性能影响最大。压气机特性曲线即压比 π_C、效率 η_C、进口相似流量 W_{C2}、相对转速 N_{Ccor} 以及压比系数 Z_c 之间的换算关系曲线,根据压气机特性图上的数据进行插值,可得到压气机相关的压比、效率和流量。

(1) 根据压气机百分比转速 N_C 和压气机进口总温 T_2 的初始值,可计算压气机相对转速:

$$N_{Ccor} = \frac{N_C / \sqrt{T_2}}{N_{Cds} / \sqrt{T_{2ds}}}$$

其中,N_{Cds} 为压气机设计点百分比转速,T_{2ds} 为压气机设计点进口温度。

本节采用的涡轴发动机模型的压气机设计点百分比转速为 $N_{Cds} = 100$,压气机设计点进口温度 $T_{2ds} = 288.15\text{K}$。

(2) 根据实验测得的压气机特性数据,由压气机设计点百分比转速 N_{Cds} 和初猜压比系数 Z_C 通过对压气机特性数据进行插值计算得到压气机压比 π_C、压气机效率 η_C 和压气机空气流量 W_{C2}。

(3) 当发动机状态发生变化时,发动机的工作状态会偏离设计点,因此需要

对非设计点的特性参数进行修正,以保证部件级模型能够模拟真实发动机的工作状态。本节采用的涡轴发动机模型的设计点为: $N_C=100$, $N_{Ccords}=1.0$, $\pi_{Cds}=10.4$, $\eta_{Cds}=0.798$, $W_{C2ds}=4.44\text{kg/s}$(其中 N_{Ccords} 为压气机设计点相对转速, π_{Cds} 为压气机设计点压比, η_{Cds} 为压气机设计点效率, W_{C2ds} 为压气机设计点进口相似流量)。相应的压比、效率、流量等插值数据的修正系数计算方法分别为

$$C_{f\pi}=\frac{\pi_{Cds}-1}{\pi_C-1}$$

$$C_{f\eta}=\frac{\eta_{Cds}}{\eta_C}$$

$$C_{fW}=\frac{W_{C2ds}}{W_{C2}}$$

其中, $C_{f\pi}$、$C_{f\eta}$、C_{fW} 分别为压比、效率、进口相似流量的修正系数。

(4) 使用以上三式中的 3 个修正系数 $C_{f\pi}$、$C_{f\eta}$、C_{fW} 修正压气机在偏离设计点时的特性数据,可得出发动机实际工作中的压比、效率和进口相似流量的计算方法,如下:

$$\pi_{aC}=(\pi_C-1)C_{f\pi}+1$$

$$\eta_{aC}=\eta_C C_{f\eta}$$

$$W_{aC2}=W_{C2}C_{fW}$$

其中, π_{aC}、η_{aC}、W_{aC2} 分别为压气机实际压比、效率和进口相似流量。

(5) 根据前述的简化和假设,可以认为气体在压气机内部的流动状态是一个等熵过程,所以压气机出口气体热力学参数计算方法如下:

压气机进口气体熵 S_2、理想出口气体熵 S_{3I}:

$$S_2=f(T_2)$$

$$S_{3I}=S_2+\ln\pi_C$$

其中, f 表示部件级模型中的热力学求解函数。

压气机理想出口气体焓 H_{3I}、实际出口焓 H_3:

$$H_{3I}=f(S_{3I})$$

$$H_3=H_2+(H_{3I}-H_2)/\eta_C$$

其中, H_2 为压气机进口焓, f 表示部件级模型中的热力学求解函数。

压气机实际出口总温、总压、进出口流量:

$$T_3=f(H_3)$$

$$p_3=p_2\pi_C$$

$$W_{aC3} = W_{aC2} = W_{C2} \frac{p_2}{101325} \sqrt{\frac{288}{T_2}}$$

其中，T_3、p_3、W_{aC3}、W_{aC2} 分别为压气机实际出口总温、出口总压、出口相似流量、进口相似流量。f 表示部件级模型中的热力学求解函数。

压气机消耗功 HP_C：

$$HP_C = W_{aC2}(H_3 - H_2)$$

2.2.1.3　燃烧室模型

燃烧室是燃料在其中燃烧生成高温高压燃气的部件，其主要作用是把压气机加压后的空气与燃油混合后进行点火燃烧，并保证燃烧的稳定性。它把燃油的化学能转化为燃气的内能，燃气膨胀通过高低压涡轮做功来带动压气机和输出轴功率。燃烧室模块主要参数为：燃烧室进口气体流量 W_{aC3}、供油量 WFB、进口气体总温 T_3、总压 p_3 等，燃烧室设计点 $WFB = 0.10898\text{kg/s}$、燃油热值 $H_u = 42900000\text{J/kg}$、燃烧室燃烧效率 $\eta_b = 0.98$、总压恢复系数 $\sigma_b = 0.965$。

燃烧室出口流量 W_{g4}、出口气体焓 H_4、总温 T_4、总压 p_4：

$$W_{g4} = WFB + W_{aC3}$$

$$H_4 = (W_{aC3} H_3 + WFB \times H_u \eta_b)/W_{g4}$$

$$T_4 = f(H_4)$$

$$p_4 = p_3 \sigma_b$$

2.2.1.4　燃气涡轮模型

从燃烧室出来的高温高压燃气需要在燃气涡轮中膨胀，推动燃气涡轮叶片做功，进而带动压气机以及其他部件旋转。燃气涡轮是将燃气的内能转化为机械能的装置，经过燃气涡轮后燃气的总温、总压等都将降低。根据假设从燃烧室出口到燃气涡轮进口，不计摩擦，我们认为燃气的总压、总温等没有损失。

（1）燃气涡轮进口气体参数

燃气涡轮进口总压 p_{41}：

$$p_{41} = p_4$$

来自压气机的第一路引气 W_{c321}、W_{c322} 和燃气 W_{g4} 混合后，构成燃气涡轮进口流量 W_{g41}：

$$W_{g41} = W_{g4} + W_{c321} + W_{c322}$$

燃气涡轮进口焓值 H_{41}、总温 T_{41}、熵值 S_{41}：

$$H_{41} = [W_{g4} H_4 + (W_{c321} + W_{c322}) H_3]/W_{g41}$$

$$T_{41} = f(H_{41})$$

$$S_{41} = f(H_{41}, T_{41})$$

其中，f 表示部件级模型中的热力学求解函数。

（2）燃气涡轮特性数据插值计算

燃气涡轮特性数据是指燃气涡轮的效率 η_g、流经涡轮的燃气流量 W_{g41}、涡轮前后燃气总压的落压比系数 π_g 以及燃气涡轮转子相对换算转速 N_{gcor} 之间的换算关系。与压气机类似，对于燃气涡轮特性需要对偏离设计点的工作状态进行参数修正。已知燃气涡轮的设计点参数为设计点转子转速百分比 $N_{gds} = 100$，设计点转子相对转速 $N_{gcords} = 1.0$，设计点燃气落压比 $\pi_{gds} = 4.69$，设计点燃气流量 $W_{g4ds} = 4.2077\text{kg/s}$，设计点燃气涡轮效率 $\eta_{gds} = 0.85211$，设计点燃气总温 $T_{g4ds} = 1533\text{K}$。将这些参数通过燃气涡轮特性数据进行插值后得到工作点落压比 π_g、效率 η_g、燃气流量 W_{g41}。

根据初猜百分比转速 N_g 和燃气涡轮进口总温 T_{41} 计算燃气涡轮相对转速 N_{gcor} 方法为

$$N_{gcor} = \frac{N_g / \sqrt{T_{41}}}{N_{gds} / \sqrt{T_{41ds}}}$$

根据实验测得的燃气涡轮特性数据，由设计点转子转速百分比 N_{gds} 和初猜压比系数 Z_g 通过对燃气涡轮特性数据进行插值计算得到燃气涡轮落压比 π_g、压气机效率 η_g 和压气机空气流量 W_{g41c}。

（3）燃气涡轮非设计点数据修正

燃气涡轮落压比、效率、燃气流量的修正系数 $C_{fg\pi}$、$C_{fg\eta}$、C_{fgW} 的计算方法如下：

$$C_{fg\pi} = \frac{\pi_{gds} - 1}{\pi_g - 1}$$

$$C_{fg\eta} = \frac{\eta_{gds}}{\eta_C}$$

$$C_{fgW} = \frac{W_{g41ds}}{W_{g41c}}$$

使用以上三式中的修正系数 $C_{fg\pi}$、$C_{fg\eta}$、C_{fgW} 来修正非设计的特性参数，可计算出真实发动机工作状态下的压比、效率和相似流量等特性，计算公式如下：

$$\pi_{ag} = C_{fg\pi}(\pi_g - 1) + 1$$

$$\eta_{ag} = C_{fg\eta}\eta_g$$

$$W_{ag41c} = C_{fgW}W_{g41c}$$

其中，π_{ag}、η_{ag}、W_{ag41c} 分别为燃气涡轮的实际压比、效率和相似流量。

（4）燃气涡轮出口热力学参数计算方法

燃气涡轮出口理想熵值 S_{43I}、理想焓值 H_{43I}：

$$S_{43I} = S_{41} - \ln\pi_g$$

$$H_{43I} = f(H_{41})$$

其中，f 表示部件级模型中的热力学求解函数。

考虑引气作用：

$$W_{g43} = W_{g41} + W_{c241} + W_{c242}$$

其中，W_{c241}、W_{c242} 分别为燃气涡轮的第一路引气和第二路引气。

燃气涡轮出口实际焓值 H_{43}：

$$H_{43} = \frac{(H_4 + (H_{41} - H_{43I}) / \eta_g) W_{g4} + H_3 (W_{c241} + W_{c242})}{W_{g43}}$$

油气比 FAR_{43}、燃气涡轮出口截面总温 T_{43}、总压 p_{43}：

$$FAR_{43} = WFB / (W_{g43} - WFB)$$

$$T_{43} = f(H_{43}, FAR_{43})$$

$$p_{43} = p_{41} / \pi_g$$

燃气涡轮输出功 HP_g：

$$HP_g = W_{g41} (H_{41} - H_{43}) - P_{ext}$$

其中，P_{ext} 为抽取功。

2.2.1.5　动力涡轮模型

涡轴发动机动力涡轮主要用来输出轴功率，轴功率经涡轮动力轴输出至直升机旋翼、尾翼等所有动力负荷，动力涡轮轴与压气机轴在物理上没有关系，能够独立旋转，在本节中假设动力涡轮轴与压气机轴之间没有相互关系。从燃气涡轮出来的燃气能够在动力涡轴中继续膨胀，对动力涡轴做功，这也是动力涡轮能够输出轴功率的根本原因。燃气在动力涡轮中继续膨胀做功，将燃气剩余的大部分内能转化为动力涡轮可以输出的机械能。

（1）动力涡轮进口相关热力学参数计算方法

燃气涡轮出口到动力涡轮进口具有一定的压力损失，总压恢复系数 $\sigma_p = 0.945$，动力涡轮进口总压 p_{44}、来自压气机的引气 W_{c221} 和燃气 W_{g43} 混合后的动力涡轮进口流量 W_{g44}、动力涡轮进口燃气焓值 H_{44}、动力涡轮进口总温 T_{44}、动力涡轮进口熵值 S_{44} 分别为

$$p_{44} = p_{43}\sigma_p$$

$$W_{g44} = W_{g43} + W_{c221}$$

$$H_{44} = (W_{g43} H_{43} + W_{c221} H_2)/W_{g44}$$

$$T_{44} = f(H_{44})$$

$$S_{44} = f(H_{44}, T_{44})$$

（2）动力涡轮特性数据插值计算

动力涡轮的特性数据是指动力涡轮的效率 η_p、流经动力涡轮的燃气流量 W_{p4}、动力涡轮前后燃气的落压比 π_p，以及动力涡轮相对换算转速 N_{pcor} 之间的换算关系。同样的，对于动力涡轮非设计点工作状态的特性数据也需要进行修正。已知动力涡轮的设计点数据为转子转速百分比 $N_{pds} = 100$，设计点相对转速 $N_{pcords} = 1.0$，设计点落压比 $\pi_{pds} = 3.7$，设计点燃气流量 $W_{p4ds} = 4.7 \text{kg/s}$，设计点燃气涡轮效率 $\eta_{pds} = 0.865$。将这些参数在燃气涡轮特性数据上进行插值得到 π_p、η_p、W_{p44}。

根据动力涡轮百分比转速 N_p 和动力涡轮进口总温 T_{43} 计算动力涡轮相对转速 N_{pcor} 的方法为

$$N_{pcor} = \frac{N_p/\sqrt{T_{43}}}{N_{pds}/\sqrt{T_{43ds}}}$$

注：燃气涡轮出口截面总温与动力涡轮进口总温相等，因此统一用 T_{43} 表示。

根据实验测得的动力涡轮特性数据，由 N_{pds} 和初猜压比系数 Z_p 并通过对动力涡轮特性数据进行插值计算得到动力涡轮落压比 π_p、涡轮效率 η_p 和涡轮空气流量 W_{g44c}。

（3）动力涡轮非设计点数据修正

动力涡轮落压比修正系数 $C_{fp\pi}$、效率修正系数 $C_{fp\eta}$、燃气流量修正系数 C_{fpW} 分别为

$$C_{fp\pi} = \frac{\pi_{pds} - 1}{\pi_p - 1}$$

$$C_{fp\eta} = \frac{\eta_{pds}}{\eta_p}$$

$$C_{fpW} = \frac{W_{p44ds}}{W_{p44c}}$$

使用以上三式中的修正参数 $C_{fp\pi}$、$C_{fp\eta}$、C_{fpW} 可以计算出发动机实际工作状态下的压比 π_{ap}、效率 η_{ap} 和相似流量 W_{ap44c} 等特性参数，计算公式为

$$\pi_{ap} = C_{fp\pi}(\pi_p - 1) + 1$$

$$\eta_{ap} = C_{fp\eta}\eta_p$$

$$W_{ap44c} = C_{fpW}W_{p44c}$$

（4）动力涡轮出口热力学参数计算方法

燃气涡轮出口理想熵值 S_{45I}、理想焓值 H_{45I}：

$$S_{45I} = S_{44} - \ln\pi_p$$

$$H_{45I} = f(H_{44})$$

其中，f 表示部件级模型中的热力学求解函数。

考虑引气作用：

$$W_{g45} = W_{g44} + W_{c222}$$

其中，W_{c222} 为动力涡轮的引气。

动力涡轮出口燃气混合后焓值 H_5：

$$H_5 = \frac{[H_{45} + (H_{43} - H_{45I})/\eta_p]W_{g44} + H_3 W_{c233}}{W_{g5}}$$

动力涡轮出口燃气油气比 FAR_5、燃气总温 T_5、燃气总压 p_5：

$$FAR_5 = WFB/(W_{g5} - WFB)$$

$$T_5 = f(H_5, FAR_5)$$

$$p_5 = p_{44}/\pi_p$$

动力涡轮的输出轴功 HP_p：

$$HP_p = W_{g44}(H_{44} - H_{45})$$

2.2.1.6　尾喷管模型

从动力涡轮出口出来的燃气的静压仍然低于当地大气气压，所以尾喷管的主要作用就是使燃气能够继续膨胀做功，提高燃气静压，降低燃气流速，将燃气的可用功尽可能地转化为机械能推动发动机做功。同时高温燃气经过尾喷管后燃气的温度大大下降，排出体外能增加其隐身性能。涡轴发动机的尾喷管通常行程比较长，部分设计中尾喷管能够向下弯曲，在直升机起飞或飞行过程中能够提供部分推力。

（1）根据假设，燃气流过尾喷管过程可以看作是一个等熵绝热的过程。尾喷管进口截面与动力涡轮出口截面为同一个截面，因此可以计算出尾喷管进口燃气的热力学参数。

尾喷管进口总压 p_6、总温 T_6、燃气流量 W_{g6}、油气比 FAR_6 分别为

$$p_6 = p_5$$

$$T_6 = T_5$$

$$W_{g6} = W_{g5}$$
$$FAR_6 = FAR_5$$

（2）压力损失系数 σ_N 是衡量尾喷管性能的重要指标，通过 σ_N 能够计算尾喷管出口总压 p_7：

$$p_7 = p_6 \sigma_N$$

2.2.1.7　旋翼模型

直升机的旋翼是直升机最主要的动力负载，也是直升机相对于别的飞行器的一个明显的特质，旋翼赋予了直升机垂直起降、空中悬停、离地数米的超低空超低速飞行等相对于固定翼飞行器特异的性能。旋翼的动力来自涡轴发动机输出的轴功率，直升机的飞行姿态大多数通过调整旋翼和尾翼来实现。直升机的升力靠调整旋翼的总距杆来实现，前后向、左右向等水平动力靠调整旋翼的周期变距杆来实现。

通过数值拟合的方法（简化处理）可以计算出旋翼所需的扭矩 M：

$$M = C_1 \left[C_2 - p_{Main}(C_3 - C_4 p_{Main}) \right] \times N_p^2$$

式中，p_{Main} 为旋翼负载，$C_1 \sim C_4$ 为拟合系数。

旋翼负载功率 $HP_{airscrew}$ 的计算方法：

$$HP_{airscrew} = \frac{6.28 M N_p}{60}$$

2.2.2　涡轴发动机稳态模型

2.2.2.1　稳态控制方程

航空发动机稳定平衡条件如下。

（1）压气机与涡轮功率平衡：

$$Eq_0 = \frac{HP_g}{HP_c / \eta_{mc} + P_{ext}} - 1 \tag{2-1}$$

（2）负载与动力涡轮功率平衡：

$$Eq_1 = \frac{HP_p}{P_L / \eta_L} - 1 \tag{2-2}$$

（3）燃气涡轮进口流量连续：

$$Eq_2 = \frac{W_{g41X} - W_{g41}}{W_{g41}} \tag{2-3}$$

（4）动力涡轮进口流量连续：

$$Eq_3 = \frac{W_{g44X} - W_{g44}}{W_{g44}} \qquad (2-4)$$

（5）尾喷口流量出口压力连续：

$$Eq_4 = \frac{p_0}{p_7} - 1 \qquad (2-5)$$

其中，P_L 为负载功率，W_{g41X} 为燃气涡轮进口流量猜值，W_{g44X} 为动力涡轮进口流量猜值。

发动机达到稳态平衡要保证以上五个方程 $Eq_0 \sim Eq_4$ 都为 0。

2.2.2.2　稳态模型求解

本节非线性方程组求解采用经典 Newton-Raphson 方法。上一节中所描述的稳态平衡控制方程是发动机达到稳态的必要条件，方程求解成功即表示模型的各性能指标参数达到稳态要求，因此需要先试取五个性能指标参数作为方程要求解的参数，这些试取的未知参数称为猜值参数，猜值参数选择是否恰当将关系到方程能否求解成功，或者模型达到稳态时的性能优劣。发动机各截面流量 W、各转动部件功率 PW 皆是压气机相对转速 N_{Crcs}、动力涡轮相对转速 N_{Prcs}、燃气涡轮压比系数 $C_{G\pi}$、动力涡轮压比系数 $C_{P\pi}$ 以及压气机压比系数 $C_{C\pi}$ 的非线性函数，具体的非线性关系由发动机各部件数学模型和特性决定。因此在这里选择 N_{Crcs}、N_{Prcs}、$C_{G\pi}$、$C_{P\pi}$、$C_{C\pi}$ 为稳态平衡控制方程的猜值参数，式（2-1）至式（2-5）可记作如下形式：

$$f_i(N_{Crcs}, N_{Prcs}, C_{G\pi}, C_{P\pi}, C_{C\pi}) = 0 \quad i = 1, 2, 3, 4, 5 \qquad (2-6)$$

通过稳态共同工作方程的约束和联系，在供油量给定时对发动机稳态工作点的确定就转化为解一组以 N_{Crcs}、N_{Prcs}、$C_{G\pi}$、$C_{P\pi}$、$C_{C\pi}$ 为独立变量的非线性方程组的问题。本节采用经典的 Newton-Raphson 方法，以迭代方式求解非线性方程组的解，设置一定的精度，当方程都满足精度要求时，迭代完毕，表示方程求解成功。稳态计算流程如图 2-3 所示。

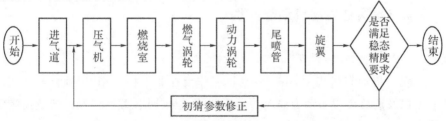

图 2-3　部件级模型稳态计算流程

用 Newton-Raphson 方法修正一组初猜参数 N_{Crcs}、N_{Prcs}、$C_{G\pi}$、$C_{P\pi}$、$C_{C\pi}$ 的值，使非线性方程组(2-6)在误差绝对值 $\varepsilon_{\min}<10^{-6}$ 意义下成立，即

$$f_i(N_{Crcs},N_{Prcs},C_{G\pi},C_{P\pi},C_{C\pi})=\varepsilon_i\leqslant\varepsilon_{\min}\quad i=1,2,3,4,5$$

用 Newton-Raphson 方法按偏导数方向修正猜值参数，设第 $k+1$ 步初猜参数的值为

$$n_i\big|_{k+1}=n_i\big|_k+\Delta n_i\quad i=1,2,3,4,5$$

$$n_1=C_{C\pi},n_2=C_{G\pi},n_3=C_{P\pi},n_4=N_{Crcs},n_5=N_{Prcs}$$

其中：

$$\begin{bmatrix}\Delta n_1\\\Delta n_2\\\Delta n_3\\\Delta n_4\\\Delta n_5\end{bmatrix}=A^{-1}\begin{bmatrix}\varepsilon_1\big|_k\\\varepsilon_2\big|_k\\\varepsilon_3\big|_k\\\varepsilon_4\big|_k\\\varepsilon_5\big|_k\end{bmatrix}$$

A 称为雅克比矩阵，具体表达式为

$$A=\begin{bmatrix}\dfrac{\partial f_1}{\partial n_1}&\dfrac{\partial f_1}{\partial n_2}&\dfrac{\partial f_1}{\partial n_3}&\dfrac{\partial f_1}{\partial n_4}&\dfrac{\partial f_1}{\partial n_5}\\[2mm]\dfrac{\partial f_2}{\partial n_1}&\dfrac{\partial f_2}{\partial n_2}&\dfrac{\partial f_2}{\partial n_2}&\dfrac{\partial f_2}{\partial n_2}&\dfrac{\partial f_2}{\partial n_2}\\[2mm]\dfrac{\partial f_3}{\partial n_1}&\dfrac{\partial f_3}{\partial n_2}&\dfrac{\partial f_3}{\partial n_3}&\dfrac{\partial f_3}{\partial n_4}&\dfrac{\partial f_3}{\partial n_5}\\[2mm]\dfrac{\partial f_4}{\partial n_1}&\dfrac{\partial f_4}{\partial n_2}&\dfrac{\partial f_4}{\partial n_3}&\dfrac{\partial f_4}{\partial n_4}&\dfrac{\partial f_4}{\partial n_5}\\[2mm]\dfrac{\partial f_5}{\partial n_1}&\dfrac{\partial f_5}{\partial n_2}&\dfrac{\partial f_5}{\partial n_3}&\dfrac{\partial f_5}{\partial n_4}&\dfrac{\partial f_5}{\partial n_5}\end{bmatrix}$$

式中偏导数的计算按中心差分法求，即

$$\frac{\partial f_i}{\partial n_i}\bigg|_k=\frac{f_i(n_i+\Delta n_i)-f_i(n_i-\Delta n_i)}{2\Delta n_i}\quad i=1,2,3,4,5$$

2.2.3 涡轴发动机动态模型

2.2.3.1 动态控制方程

在发动机动态过程中，由于发动机工作处在非平衡状态，压气机与燃气涡轮功率以及旋翼负载与动力涡轮功率不平衡，但同时各截面流过的流量还满足连续条件，在动态平衡过程中，动力涡轮转子要保持恒定或者在微小范围波动

以维持旋翼的转速恒定,可得动态过程中的三个平衡控制方程:

(1) 燃气涡轮进口流量连续,同式(2-3)。

(2) 动力涡轮进口流量连续,同式(2-4)。

(3) 尾喷管出口压力平衡,同式(2-5)。

2.2.3.2　动态模型求解

发动机模型在动态过程中有三个平衡控制方程,因为动态过程中满足流量连续以及压力平衡,发动机各部件流量与转子功率皆可为压气机压比系数 $C_{C\pi}$、燃气涡轮压比系数 $C_{G\pi}$、动力涡轮压比系数 $C_{P\pi}$ 所表示的非线性函数,因此选择 $C_{C\pi}$、$C_{G\pi}$、$C_{P\pi}$ 为动态平衡控制方程的猜值参数。当发动机模型从稳态开始动态计算时,发动机模型根据马赫数 Ma、飞行高度 H、总距 θ 进行各部件模型计算,这里同样采用 Newton-Raphson 法求解非线性方程组,动态计算流程如图2-4所示。

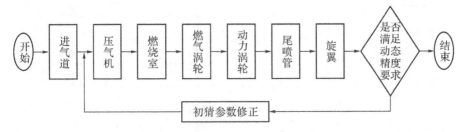

图 2-4　部件级模型动态计算流程

平衡条件可表示为

$$f_i(C_{C\pi}, C_{G\pi}, C_{P\pi}) = 0 \quad i = 1, 2, 3$$

非线性方程组在误差绝对值 $\varepsilon_{\min} < 10^{-6}$ 意义下成立,即

$$f_i(C_{C\pi}, C_{G\pi}, C_{P\pi}) = \varepsilon_i \leqslant \varepsilon_{\min} \quad i = 1, 2, 3$$

满足上式条件可认为模型得到了在动态点的解。用 Newton-Raphson 法计算发动机模型得到第 $k+1$ 步猜值参数为

$$n_i|_{k+1} = n_i|_k + \Delta n_i \quad i = 1, 2, 3$$

其中,$n_1 = C_{C\pi}$,$n_2 = C_{G\pi}$,$n_3 = C_{P\pi}$。式中 Δn_i:

$$\begin{bmatrix} \Delta n_1 \\ \Delta n_2 \\ \Delta n_3 \end{bmatrix} = A^{-1} \begin{bmatrix} \varepsilon_1|_k \\ \varepsilon_2|_k \\ \varepsilon_3|_k \end{bmatrix}$$

雅克比矩阵 A 为

$$A=\begin{bmatrix} \dfrac{\partial f_1}{\partial n_1} & \dfrac{\partial f_1}{\partial n_2} & \dfrac{\partial f_1}{\partial n_3} \\[3mm] \dfrac{\partial f_2}{\partial n_1} & \dfrac{\partial f_2}{\partial n_2} & \dfrac{\partial f_2}{\partial n_3} \\[3mm] \dfrac{\partial f_3}{\partial n_1} & \dfrac{\partial f_3}{\partial n_2} & \dfrac{\partial f_3}{\partial n_3} \end{bmatrix}$$

偏导数同样采用中心差分法求取：

$$\left.\frac{\partial f_i}{\partial n_i}\right|_k = \frac{f_i(n_i+\Delta n_i)-f_i(n_i-\Delta n_i)}{2\Delta n_i} \quad i=1,2,3$$

基于本节方法设计的涡轴发动机模型 Matlab/Simulink 混合编程模型模块图如图 2-5 所示，中间的矩形为采用 Matlab/C＋＋混合编程编写的发动机模型。

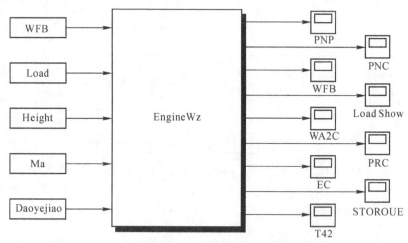

图 2-5　Matlab/Simulink 混合编程模型模块

2.3　航空发动机线性状态空间模型建立

面向控制的航空发动机的数学模型主要有以下用途：分析设计发动机控制系统、预测发动机控制系统的物理量及发动机故障诊断和容错控制。

本书涉及的航空发动机滑模控制器设计、观测器设计、故障诊断与容错控制均以线性模型为基础展开研究工作。因此，本节将简要介绍在航空发动机稳态工作点附近，建立线性数学模型的方法。

2.3.1　基于非线性部件级模型线性化建立发动机线性模型

控制系统是航空发动机的重要组成部分之一,发动机综合性能的优劣在很大程度上取决于控制器技术的先进与否。而控制器的设计就是依据被控对象特性和控制性能要求,确定相对合适的控制规律,并以液压机械或数字电子控制等方式实现的过程。

在航空发动机的多变量控制方法中,目前相对来说较为成熟的仍然是线性控制方法,因而线性化模型无论在航空发动机的控制、性能优化还是故障诊断中都有着广泛的应用。由于航空发动机本身依然是个复杂的非线性系统,在飞行包线内各个状态下模型参数变化大,所以航空发动机模型的线性化只能在飞行包线内的某几个稳态点附近,通过线性化方法得到发动机的线性模型,也就是通常说的航空发动机小偏差模型。

要使得模型能够在更大的飞行包线内取得良好的效果,则需要建立航空发动机的变偏差模型。建立变偏差模型的方法大多为在飞行包线内取得多个点的小偏差模型,利用相关运算方法获取任意工作状态的航空发动机小偏差模型。建立小偏差模型是建立变偏差模型的基础。

2.3.1.1　发动机稳态点小偏差状态空间模型

设发动机的非线性模型为

$$\dot{x} = f(x, u)$$

$$y = g(x, u)$$

其中,x 为 n 维状态变量,y 为 m 维输出变量,u 为 r 维控制变量。在某稳态工作点附近有

$$f(x_0, u_0) = 0$$

$$y_0 = g(x_0, u_0)$$

在稳态工作点附近泰勒展开为

$$\dot{x} = \frac{\partial f}{\partial x}\bigg|_{x=x_0, u=u_0} (x - x_0) + \frac{\partial f}{\partial u}\bigg|_{x=x_0, u=u_0} (u - u_0)$$

$$+ \frac{1}{2}\frac{\partial^2 f}{\partial x^2}\bigg|_{x=x_0, u=u_0} (x - x_0)^2 + \frac{1}{2}\frac{\partial^2 f}{\partial u^2}\bigg|_{x=x_0, u=u_0} (u - u_0)^2 + \cdots$$

在 (x_0, u_0) 的邻域内忽略高阶项,得到稳态点的线性状态方程和输出方程分别为

$$\Delta\dot{x} = \frac{\partial f}{\partial x}\bigg|_{x=x_0,u=u_0}\Delta x + \frac{\partial f}{\partial u}\bigg|_{x=x_0,u=u_0}\Delta u$$

$$\Delta y = \frac{\partial g}{\partial x}\bigg|_{x=x_0,u=u_0}\Delta x + \frac{\partial g}{\partial u}\bigg|_{x=x_0,u=u_0}\Delta u$$

其中，$\Delta x = (x-x_0)$，$\Delta u = (u-u_0)$，$\Delta y = (y-y_0)$。

令

$$A = \frac{\partial \dot{x}}{\partial x}\bigg|_{x=x_0,u=u_0}, B = \frac{\partial \dot{x}}{\partial u}\bigg|_{x=x_0,u=u_0}, C = \frac{\partial y}{\partial x}\bigg|_{x=x_0,u=u_0},$$

$$D = \frac{\partial y}{\partial u}\bigg|_{x=x_0,u=u_0}$$

则

$$\Delta\dot{x} = A\Delta x + B\Delta u$$

$$\Delta y = C\Delta x + D\Delta u \tag{2-7}$$

例如，假设 W_f 为控制量，状态变量为气涡轮转速 n_G 和动力涡轮转速 n_p，输出为气涡轮转速 n_G、动力涡轮转速 n_p、压气机出口压力 p_3、高压涡轮出口温度 T_{43}，则式(2-7)表示为

$$\begin{bmatrix} \Delta\dot{n}_G \\ \Delta\dot{n}_p \end{bmatrix} = \begin{bmatrix} a_{11} & a_{12} \\ a_{21} & a_{22} \end{bmatrix}\begin{bmatrix} \Delta n_G \\ \Delta n_p \end{bmatrix} + \begin{bmatrix} b_1 \\ b_2 \end{bmatrix}\begin{bmatrix} \Delta W_f \end{bmatrix}$$

$$\begin{bmatrix} \Delta n_G \\ \Delta n_p \\ \Delta p_{43} \\ \Delta T_4 \end{bmatrix} = \begin{bmatrix} 1 & 0 \\ 0 & 1 \\ c_{31} & c_{32} \\ c_{41} & c_{42} \end{bmatrix}\begin{bmatrix} \Delta n_G \\ \Delta n_p \end{bmatrix} + \begin{bmatrix} 0 \\ 0 \\ d_3 \\ d_4 \end{bmatrix}\begin{bmatrix} \Delta W_f \end{bmatrix} \tag{2-8}$$

有

$$A = \begin{bmatrix} a_{11} & a_{12} \\ a_{21} & a_{22} \end{bmatrix}, B = \begin{bmatrix} b_1 \\ b_2 \end{bmatrix}, C = \begin{bmatrix} 1 & 0 \\ 0 & 1 \\ c_{31} & c_{32} \\ c_{41} & c_{42} \end{bmatrix}, D = \begin{bmatrix} 0 \\ 0 \\ d_3 \\ d_4 \end{bmatrix}$$

发动机状态空间模型中各状态量的数量级常会相差很大，变化范围也大不相同，若采用绝对量求取动态系数矩阵，其元素值相差也很大，产生病态矩阵，使得计算误差增大。而采用相对量则可避免这一缺点，使计算误差大大减小。因此，在计算中必须对模型(2-7)进行归一化处理。

将式(2-7)表示的状态空间模型转化为相对增量形式，即

$$\delta\dot{x} = A\delta x + B\delta u$$

$$\delta y = C\delta x + D\delta u \tag{2-9}$$

其中，$\delta x = \Delta x / x_0$，$\delta y = \Delta y / y_0$，$\delta u = \Delta u / u_0$。

此外，在不产生混淆的情况下，为了表述的方便，将式(2-9)简写为

$$\dot{x} = Ax + Bu$$
$$y = Cx + Du \tag{2-10}$$

2.3.1.2　小偏差状态空间模型建立方法

发动机小偏差线性状态空间模型的建立方法有很多种，包括小扰动法和拟合法等。

小扰动法原理在于对控制变量中的某一变量做小扰动，保持别的变量不变，然后使用偏导数法建模，计算难度较大而且建模的误差也比较大，在实际建模过程中使用较少。

拟合法则使用得较为广泛，拟合法将建模的问题转化为使用响应矩阵来拟合非线性系统的最小二乘解的问题，使建模误差得到改善，因而越来越受到重视。

（1）小扰动法

小扰动法采用在航空发动机稳态平衡处施加小扰动，通过航空发动机模型进行多步稳态迭代计算，当迭代至收敛条件以后，计算增量形式的状态量和输出量，此后用其与扰动量的比值求出。

首先，矩阵 A 和 C 用求解偏导数的方法获得，分别扰动状态量的分量 x_i，与此同时，保持其他状态分量 $x_j (j \neq i)$ 及控制量分量 u 不变。扰动系统状态量，如扰动 n_G，是在稳态点的某一时刻人为地增大或者减小 n_G，同时令 $\Delta n_p = 0$，$\Delta W_f = 0$，然后根据模型自身计算 n_G 这一时刻以后的值。根据 Δn_G、Δn_p、Δp_{43}、ΔT_4 初始变化量计算 a_{11}、a_{12}、c_{31}、c_{41}：

$$a_{11} = \frac{\Delta \dot{n}_G}{\Delta n_G}, a_{12} = \frac{\Delta \dot{n}_p}{\Delta n_G}, c_{31} = \frac{\Delta \dot{p}_{43}}{\Delta n_G}, c_{41} = \frac{\Delta \dot{T}_4}{\Delta n_G}$$

在稳态点扰动 n_G：

$$a_{12} = \frac{\Delta \dot{n}_G}{\Delta n_p}, a_{22} = \frac{\Delta \dot{n}_p}{\Delta n_p}, c_{32} = \frac{\Delta \dot{p}_{43}}{\Delta n_p}, c_{42} = \frac{\Delta \dot{T}_4}{\Delta n_p}$$

然后，对控制量进行扰动得

$$b_1 = \frac{\Delta \dot{n}_G}{\Delta W_f}, b_2 = \frac{\Delta \dot{n}_p}{\Delta W_f}, d_3 = \frac{\Delta \dot{p}_{43}}{\Delta W_f}, d_4 = \frac{\Delta \dot{T}_4}{\Delta W_f}$$

采用小扰动法建立航空发动机小偏差状态变量模型，由于是偏导数近似求

出,因此精度受到限制。

(2)拟合法

所谓拟合法建模,即拟合出发动机模型,也就是使得建立的发动机小偏差线性模型的动态响应与发动机非线性模型的动态响应相吻合。拟合法计算小偏差状态变量模型,无须计算偏导数,建模步骤大致如下:

首先,分别给发动机部件级模型的各控制量一定的小阶跃信号,并据此得到各输出量的非线性动态响应数据。

然后,根据系统的状态量、控制量和输出量之间的关系得到发动机的小偏差状态变量模型形式,并分别求出各个控制量得到小阶跃信号时的动态响应的解析式。

最后,根据拟合法的要求,利用非线性动态响应数据去拟合动态系数矩阵,这样就可以得到小偏差状态变量模型。

2.3.2 基于各部件线性化构成发动机简化线性模型

如图 2-6 所示,考虑某型涡轴发动机,其主要由压气机、燃烧室、燃气涡轮和动力涡轮等组成,在推导涡轴发动机简化线性模型过程中,不考虑进气道的影响,将压气机、燃烧室和燃气涡轮作为一个整体的建模单元,为燃气发生器、动力涡轮单独建模(见图 2-7),其中,燃气发生器转速为输入,动力涡轮扭矩为输出[58,59]。

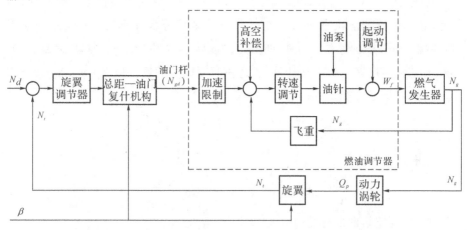

图 2-6　采用液压机械式燃调的直升机涡轴发动机控制系统原理图

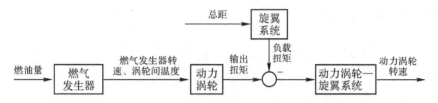

图 2-7　涡轴发动机简化原理

(1)燃气发生器模型

采用部件法建立小偏差增量模型,压气机、燃烧室和燃气涡轮的建模单元构成燃气发生器,燃油量 W_f 为输入,燃气发生器转速 N_g 为输出,则:

$$G_{N_g}(s) = \frac{N_g(s)}{W_f(s)} = \frac{K_g}{T_g s + 1} \tag{2-11}$$

其中,参数 K_g 随着飞行高度的升高而增大,T_g 则随着高度的升高而减小。

(2)动力涡轮模型

动力涡轮输出扭矩与旋翼负载扭矩匹配,形成转速的变化,由燃气发生器发出功率,传动机构带动动力涡轮,最后由动力涡轮输出扭矩带动旋翼系统旋转,从而提供动力,旋翼的转速反馈到旋翼转速调节机构,构成闭环控制系统。以燃气发生器转速 N_g 为输入,发动机输出扭矩 M_p 为输出,建立如下的数学模型:

$$G_{M_p}(s) = \frac{M_p(s)}{N_g(s)} = \frac{\tau_p s + 1}{T_p s + 1}$$

其中,τ_p、T_p 为动力涡轮转速—扭矩模型中的参数。

(3)旋翼系统模型

旋翼需要的负载扭矩的数值由旋翼端的总距和转速共同决定,直升机的控制规律要求是保持旋翼转速不变的情况下可以忽略旋翼转速,从而仅考虑总距对旋翼负载扭矩的影响。以总距 β 为输入,旋翼负载扭矩 M_r 为输出,建立模型:

$$G_{M_r}(s) = \frac{M_r(s)}{\beta(s)} = \frac{K_r}{T_r s + 1} \tag{2-13}$$

其中,K_r、T_r 为旋翼系统总距—扭矩的相关参数。

(4)旋翼扭矩—转速模型

动力涡轮—旋翼系统运行所需的扭矩由动力涡轮与旋翼负载系统相互作用后决定,忽略模型简化过程中一些关联度较小因素的影响,仅考虑系统转动惯性的作用,从而推导出以动力涡轮—旋翼系统剩余扭矩为输入,动力涡轮转速为输出的简化数学模型：

$$G_{N_p}(s) = \frac{N_p(s)}{\Delta M(s)} = \frac{N_p(s)}{M_p(s) - M_r(s)} = \frac{K_{pr}}{T_{pr}s + 1} \quad (2\text{-}14)$$

其中，K_{pr}、T_{pr} 为该一阶惯性模型相关参数。

（5）桨距—油门复什机构模型

总矩通过桨距—油门复什机构可以构成前馈环节，数学模型如下：

$$G_{gd}(s) = \frac{N_{gd}(s)}{\beta(s)} = \frac{K_d}{T_d s + 1}$$

其中，K_d、T_d 为该一阶惯性模型相关参数。

该式属于闭环转速控制回路中的部分，在建模中可以忽略它的实际作用。通过从式（2-11）到（2-14）可以得到大致的传递函数模型，如图 2-8 所示。

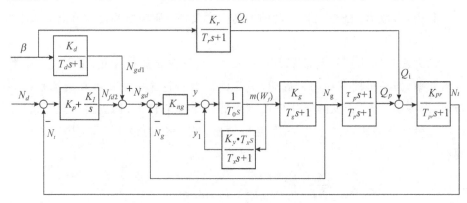

图 2-8　直升机涡轴燃油调节系统传递函数模型

图 2-8 中，K_{ng} 为敏感元件对转速的放大系数；分油活门与随动活塞组成的液压放大随动机构可以视为理想的积分环节，用 $\frac{1}{T_0 s}$ 描述，T_0 为积分环节时间常数；分油活门反向位移与随动活塞位移之间用 $\frac{K_y \cdot T_x s}{T_x s + 1}$ 近似表示，K_y 为静态平衡时分油活门反向位移与阻尼活塞位移之间的比例系数，T_x 为随动活塞位移与分油活门位移之间的带微分一阶惯性环节 $\frac{T_x s}{T_x s + 1}$ 中的时间常数；$K_p + \frac{K_I}{s}$ 为采用的比例积分转速调节器，K_p 和 K_I 分别为调节器比例参数和积分参数。

例如，为了降低控制器设计中的计算复杂程度，合理地选取模型中的参数，$k_g = 0.8, T_g = 1, \tau_p = 1, T_p = 1.1, K_{pr} = 1.25, T_{pr} = 0.9$，可得最终简化的直升机涡轴发动机燃油调节系统的数学模型：

$$G(s) = \frac{K_g}{T_g s + 1} \times \frac{\tau_p s + 1}{T_p s + 1} \times \frac{K_{pr}}{T_{pr} s + 1} = \frac{0.8}{s+1} \times \frac{s+1}{1.1s+1} \times \frac{1.25}{0.9s+1}$$

$$= \frac{1}{0.99s^2 + 2s + 1} \tag{2-15}$$

其相应的状态空间模型各个系数矩阵近似为

$$A = \begin{bmatrix} 0 & 1 \\ -1 & -2 \end{bmatrix}, B = \begin{bmatrix} 0 \\ 1 \end{bmatrix}, C = \begin{bmatrix} 1 & 0 \end{bmatrix}, D = 0$$

2.4　本章小结

　　本章主要介绍了航空发动机非线性部件级模型和线性状态空间模型的建立方法,为本书的后续研究提供基础。

　　在发动机部件级建模的过程中,以涡轴发动机为例,依次对涡轴发动机的每个部件进行了分析、研究,建立起每个部件的子模型,使用质量守恒定律、能量守恒定律加上物理量的连续性,通过经典的牛顿—拉普逊(Newton-Raphson)法迭代求解,继而获得整个发动机的稳态模型、动态模型。

　　在获取发动机线性化模型的过程中,着重阐述了发动机稳态点小偏差状态空间模型结构,以及基于小扰动法和拟合法的线性模型建模方法。此外还介绍了基于各部件线性化构成发动机简化线性模型的方法。

第3章 基于线性滑模面
的航空发动机滑模控制

3.1 引　言

　　滑模控制(SMC)最早于 20 世纪 60 年代由苏联学者 Emelyanov 提出,到如今历经半个世纪的发展,已经取得了很多研究成果。滑模控制方法具有对参数摄动及外干扰等不确定因素的不变性、算法结构简单、容易实现等独特而优良的特点,越来越受到控制界的高度重视。

　　滑模控制理论从提出到现在 50 多年的时间,大致经历了三个阶段的发展[60-67]。20 世纪 60 年代初,苏联学者 Emelyanov 最早提出滑模控制理论,但由于多种原因并没有引起控制界的很大关注;20 世纪 60—70 年代,有部分学者开始进行滑模控制的相关研究,但规模有限,Utkin 等人在这一时期为以后滑模控制的发展打下了基础;20 世纪 70—80 年代直到现在,滑模控制理论进入一个比较快速的发展阶段,各国学者争相对这种变结构控制进行研究,并将滑模控制在很多领域进行了应用,使得滑模控制理论基础渐渐趋于完整,其中我国高为炳院士首先提出了趋近律的概念,并且撰写了介绍滑模控制理论的专著。现有的趋近律主要有指数趋近律、等速趋近律、幂次趋近律和一般趋近律等,通过调整趋近律的参数,就可以抑制抖振,提高控制品质,是一种非常好用的设计方法。

　　滑模控制由于其变结构的自身特征,可以使得被控对象具有很强的鲁棒性,非常适合诸如航空发动机这样的非线性不确定系统的控制设计。鉴于国内外已有不少科研人员将滑模控制方法用于航空发动机控制中[45~54]，本章将在简要介绍滑模控制基本理论的基础上，针对航空发动机转速控制系统，设计基于线性滑模面的滑模控制器。

3.2　滑模控制理论简介

滑模变结构控制（简称滑模控制）是诸多变结构控制方法中的一种，早期的变结构控制方法最主要的特征是控制的不连续性。滑模变结构方法与常规的变结构控制方法的根本区别在于产生切换后的系统运动方式，滑模控制方法在产生切换后系统状态逐渐趋近滑模切换面（简称滑模面），最后系统状态进入滑模面进行滑动运动[60]。由于系统存在一定程度的惯性，系统在进入滑模面后并不能一下子停留在滑模面上，由于系统控制量的作用，系统状态被迫在滑模面附近做小幅度的频繁的振动，同时向系统原点移动，这种运动也是真实状态下的系统的运动方法。这种滑动模态是可以设计的且与系统的参数和扰动无关，处于滑动模态运动的闭环系统具有更好的鲁棒性[60~67]。

3.2.1　滑动模态

滑动模态是变结构控制中最重要的概念之一。变结构控制理论所具有的能分解并降低被控系统的阶数、对系统参数摄动不敏感以及抗干扰等优点，都依赖于被控系统必定存在滑动模态。

在滑模控制中系统在状态空间中运动，当系统运动到预先设计的滑动平面上时，系统状态就将保持在滑动平面上，不再脱离滑动平面，这种运动称为滑模运动，这种运动状态也称为滑动模态。

滑模控制器的设计要使得系统状态沿着滑动平面进行稳定的滑动模态运动，从而使得系统的状态逐渐接近并最终停留在状态原点。因而，当滑模控制系统处于滑动模态运动时，闭环系统的性能完全取决于预先设计的滑动平面。因此，在滑模控制方法中，滑动模态的设计在控制系统设计中占有相当重要的地位，起到了控制闭环系统性能的决定性作用。

一般来说，系统可以表示为如下形式：

$$\dot{x} = f(x) \qquad x \in \mathbf{R}^n \tag{3-1}$$

在式（3-1）的状态空间中，假设存在切换面：

$$s(x) = s(x_1, x_2, x_3, x_4, \cdots, x_n) = 0$$

切换面将状态空间分成两个部分,即 $s>0$ 和 $s<0$,在切换面有以下三类运动分别通过三个点,如图 3-1 所示。

(1)通常点 A

图 3-1 中,A 为通常点,系统运动到切换面 $s=0$ 附近时,直接穿越过 A 点,并离 A 点远去。

(2)起始点 B

图 3-1 中,B 为起始点,系统运动到切换面 $s=0$ 附近时,从切换面的两侧分离开来,离开点 B。

(3)终止点 C

图 3-1 中,C 为终止点,系统运动到切换面 $s=0$ 附近时,分别从切换面两侧逐步趋近于该点。

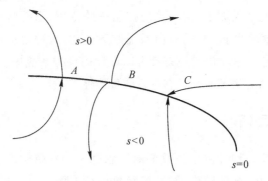

图 3-1   滑模切换面上的运动方式

在滑模控制中,终止点具有特殊的意义,而起始点和通常点对于滑模变结构运动影响不大。若切换面上某段区域内所有点均为终止点,则系统一旦运动到该区域,就会被吸引至该区域内运动。若切换面上某一区域内所有点均为终止点,那该区域就是滑动模态区或滑模区,滑模运动即系统在滑模区内的运动。

滑模区内运动点是终止点的要求可以用以下公式表示:

$$\lim_{s \to 0^+} \dot{s} \leqslant 0 \ \text{及} \ \lim_{s \to 0^-} \dot{s} \geqslant 0$$

即运动点到底切换面附近时有

$$\lim_{s \to 0^+} \dot{s} \leqslant 0 \leqslant \lim_{s \to 0^-} \dot{s}$$

或者

$$\lim_{s \to 0} s\dot{s} \leqslant 0$$

根据李雅普诺夫稳定性第二定理,可以构造函数:

$$v(x_1,x_2,x_3,\cdots,x_n)=[s(x_1,x_2,x_3,\cdots,x_n)]^{\mathrm{T}}[s(x_1,x_2,x_3,\cdots,x_n)]$$

其导数为

$$\dot{v}(x_1,x_2,x_3,\cdots,x_n)=2\dot{s}(x_1,x_2,x_3,\cdots,x_n)s(x_1,x_2,x_3,\cdots,x_n)$$

$\leqslant 0$

满足李雅普诺夫函数的稳定性条件,系统稳定于切换面 $s=0$,平衡状态为李雅普诺夫意义下稳定。

3.2.2　滑模控制器一般结构

滑模控制的运动过程与其他传统控制相比有很大的不同,滑模控制的运动过程分为两个阶段,分别是趋近运动和滑动模态运动,如图 3-2 所示。

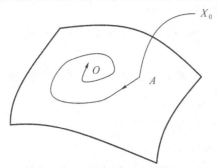

图 3-2　滑模控制的运动过程

第一阶段是趋近阶段,就是图 3-2 中由 X_0 到 A 的运动,即从任意起始位置向滑模面趋近的过程,这种运动位于滑模面外,或者有限次地穿越滑模面。每当穿越滑模面时,控制器的结构就会按照一定的规律发生改变,即“变结构”控制。

第二阶段是滑动模态运动阶段,即图 3-2 中由 A 到 O 的运动,此时系统在滑动模态阶段才具有对内部参数变化和外部干扰的不变性,即强鲁棒性。

设非线性系统:

$$\dot{x}=f(x,u,t) \qquad x\in\mathbf{R}^n,u\in\mathbf{R}^m,t\in\mathbf{R}$$

定义滑模切换函数向量:

$$s(x),s\in\mathbf{R}^m$$

滑动模态的存在条件即切换面上滑动模态的条件,Utkin V.I 首先提出滑动模态存在的充分条件：

$$\lim_{s \to 0} \dot{s} < 0, s > 0$$

$$\lim_{s \to 0} \dot{s} > 0, s < 0$$

或

$$\lim_{s \to 0} \dot{s} s < 0$$

则滑模控制器形式为

$$u = \begin{cases} u^+(x) & s(x) > 0 \\ u^-(x) & s(x) < 0 \end{cases}$$

其中 $u^+(x) \neq u^-(x)$，且要满足以下条件：

(1)保证控制输入可以根据滑模面函数的正负值进行切换；

(2)满足趋近过程的到达条件，即状态空间内所有切换面以外的点都需在有限的时间内到达切换面；

(3)滑模运动必须稳定，确保系统到达滑模面后处于滑动模态时可以沿滑模面"滑动"至稳定点。

只有满足以上条件，滑模控制器才能达成预定的控制功能[60]。

滑动模态的到达条件常常用下面三种形式来表述：

(1) 不等式到达条件(全局到达条件)

$$s(x) \times \dot{s}(x) < 0 \tag{3-2}$$

为了保证在期望时间内能够运动到滑模面，滑模到达条件(3-2)可以改写为

$$s(x) \times \dot{s}(x) < -\delta \quad (\delta > 0)$$

(2) 李雅普诺夫到达条件

$$V(x) = \frac{1}{2} s^2, \dot{V}(x) < 0$$

(3) 等式型到达条件

等速趋近律：

$$\dot{s} = -\varepsilon \operatorname{sgn}(s), \varepsilon > 0$$

指数趋近律：

$$\dot{s} = -\varepsilon \operatorname{sgn}(s) - ks, \varepsilon > 0, k > 0$$

幂次趋近律：

$$\dot{s} = -k |s|^a \operatorname{sgn}(s), k > 0, 1 > a > 0$$

3.2.3　线性滑模控制器设计要求

考虑下面的多变量不确定系统：

$$\dot{x}(t) = (A + \Delta A(t))x(t) + (B + \Delta B(t))u(t) + Df(t) \qquad (3\text{-}3)$$

式中，$x \in \mathbf{R}^n$，为系统的状态变量；$u \in \mathbf{R}^m$，为系统的控制变量；$f \in \mathbf{R}^m$，为系统的干扰变量。$\Delta A(t) \in \mathbf{R}^n$，$\Delta B(t) \in \mathbf{R}^m$，分别为系统矩阵 A、B 的摄动矩阵，n、m 表示矩阵维度。

对于上述多变量不确定系统我们做如下假设：

(1) 摄动矩阵与干扰矩阵 $\Delta A(t)$、$\Delta B(t)$、D 矩阵均可测且有界；

(2) $\Delta A(t)$、$\Delta B(t)$ 连续；

(3) $\Delta \dot{A}(t)$、$\Delta \dot{B}(t)$ 有界；

(4) 系统矩阵 (A, B) 为完全可控；

(5) 参数摄动矩阵 $\Delta A(t)$、$\Delta B(t)$ 满足：

$$\| \Delta A \| \leqslant \psi_a, \| \Delta B \| \leqslant \psi_b \qquad (3\text{-}4)$$

(6) 系统外干扰 $f(t)$ 满足：

$$\| \Delta f \| \leqslant \psi_f \qquad (3\text{-}5)$$

对于上述系统，选择线性滑动平面为

$$s = \sigma x \qquad (3\text{-}6)$$

基本设计要求为选择适当的矩阵 σ，使其满足以下条件：

(1) 切换面存在滑模态；

(2) 所有的相轨迹能在有限的时间内达到滑模面；

(3) 滑动模态渐进稳定，并有良好的动态品质。

这 3 个条件是滑模控制最基本的条件，否则不构成滑模控制。按照上述顺序，首先保证了存在滑模态、滑模态能够到达、滑模运动趋向稳态点。

线性滑模控制器基本设计步骤：

(1) 选择切换函数 $s(x)$，即选择适当的矩阵 σ，使得滑模态渐进稳定且有良好的品质。

(2) 确定滑模控制函数 $u(x)$，使得到达条件能够满足，从而使系统到达滑模面，形成滑动模态区。

3.2.4　线性滑模面设计方法

在滑模控制中，首先需要解决的就是切换函数的选取，从而获得合适的滑模切换面。根据系统所期望的运动特性选取恰当的切换平面,并使切换平面具有优良的品质,以便系统能从非滑动模态区快速到达切换平面。

线性滑模面是滑模控制系统设计中常用的也是比较简单的滑模面设计方法,即取滑模面切换函数 s 为变量的线性组合 $s=\sigma x$。

目前线性滑模面的设计方法主要有极点配置设计法、最优化设计法、特征向量配置设计法、系统零点设计法和给定极点区域极点配置设计法等。本章主要介绍极点配置设计法和最优化设计法。

(1) 极点配置设计法

针对系统(3-3),假设 A、B 可控,将 B 分解为

$$B=\begin{bmatrix} B_1 \\ B_2 \end{bmatrix}, \det B_2 \neq 0, B_2 \notin \mathbf{R}^m$$

则经线性变换

$$\bar{x}=Tx, T=\begin{bmatrix} I_{n-m} & -B_1 B_2^{-1} \\ 0 & I_m \end{bmatrix}$$

将系统转化为

$$\dot{\bar{x}}=\bar{A}\bar{x}+\bar{B}u$$
$$s=\bar{\sigma}\bar{x} \tag{3-7}$$

其中

$$\bar{B}=TB=\begin{bmatrix} 0 \\ \bar{B}_2 \end{bmatrix}, \bar{A}=TAT^{-1}=\begin{bmatrix} \bar{A}_{11} & \bar{A}_{12} \\ \bar{A}_{21} & \bar{A}_{22} \end{bmatrix}, \bar{\sigma}=[\bar{\sigma}_1, \bar{\sigma}_2]$$

在不影响理解的情况下,省略式(3-7)中各个符号的"—",并进一步把式(3-7)表示为

$$\dot{x}_1=A_{11}x_1+A_{12}x_2$$
$$\dot{x}_2=A_{21}x_1+A_{22}x_2+B_2 u$$
$$s=\sigma_1 x_1+\sigma_2 x_2$$

对系统进行线性变换:

$$\begin{cases} \dot{x}_1=x_2 \\ x_2=\sigma_2^{-1}s-\sigma_2^{-1}\sigma_1 x_1 \end{cases}$$

得

$$\dot{x}_1=(A_{11}-A_{12}\sigma_2^{-1}\sigma_1)x_1$$

当 (A,B) 可控时,(A_{11}, A_{12}) 可控,故存在矩阵 K,使得 $A_{11}-A_{12}K$ 的极点属于预先给的极点集。如取 $\sigma_2=I_m$,则能确定:

$$\sigma = \begin{bmatrix} K & I_m \end{bmatrix}$$

针对单输入系统，若取线性滑模面为

$$s(x) = \sigma x = \sum_{i=1}^{n-1} \sigma_i x_i + x_n \tag{3-8}$$

其中滑模面参数 $\sigma = \begin{bmatrix} \sigma_1 & \sigma_2 & \cdots & 1 \end{bmatrix}$ 须能使

$$p^{n-1} + \sigma_{n-1} p^{n-2} + \cdots + \sigma_2 p + \sigma_1 \tag{3-9}$$

满足劳斯－赫尔维茨判据，其中 p 为拉普拉斯算子。

（2）最优化设计法

最终滑动模态可表示为

$$\dot{x}_1 = A_{11} x_1 + A_{12} x_2$$

设计切换面为

$$\sigma_1 x_1 + \sigma_2 x_2 = 0$$

等价于求：

$$x_2 = K x_1, K = -\sigma_2^{-1} \sigma_1$$

使得最终滑模动态 $\dot{x}_1 = A_{11} x_1 + A_{12} x_2$ 具有良好的品质。

定义系统优化积分指标：

$$J = \int_0^\infty x^T Q x \, dt$$

$$x^T Q x = \begin{bmatrix} x_1^T & x_2^T \end{bmatrix} \begin{bmatrix} Q_{11} & Q_{12} \\ Q_{21} & Q_{22} \end{bmatrix} \begin{bmatrix} x_1 \\ x_2 \end{bmatrix}$$

$$= x_1^T Q_{11} x_1 + x_2^T Q_{21} x_1 + x_1^T Q_{12} x_2 + x_2^T Q_{22} x_2$$

取辅助变量：

$$v = Q_{22}^{-1} Q_{21} x_1 + x_2$$

得到一个等价的系统以及最优指标：

$$\dot{x}_1 = A_{11}^* x_1 + A_{12} v$$

$$J = \int_0^\infty (x_1^T Q_{11}^* x_1 + v^T Q_{22} v) \, dt$$

其中

$$Q_{11}^* = Q_{11} - Q_{12} Q_{22}^{-1} Q_{21}$$

$$A_{11}^* = A_{11} - A_{12} Q_{22}^{-1} Q_{21}$$

最优控制问题有解，解为

$$v = K x_1$$

$$K = -Q_{22}^{-1} A_{12}^T P$$

其中 P 为黎卡提代数方程的解：

$$PA_{11}^* + A_{11}^{*\mathrm{T}}P - PA_{12}Q_{12}^{-1}A_{12}^{\mathrm{T}}P + Q^* = 0$$

这样，我们得到最优化的最终滑动模态的运动微分方程：

$$\dot{x}_1 = (A_{11}^* - A_{12}Q_{22}^{-1}A_{12}^{\mathrm{T}}P)x_1$$

并完全确定了矩阵 σ：

$$\sigma = [A_{12}^{\mathrm{T}}P + Q_{21} \quad Q_{22}]$$

3.2.5　滑模控制抖振问题

虽然滑模控制有着种种显而易见的优点，然而，滑模变结构控制系统有一个突出缺点——抖振，这是应用滑模控制时遇到的最主要障碍。滑模变结构控制系统相当于一种继电系统[61]，倘若由一个结构到另一个结构的变化严格地按 $s(x) = 0$ 瞬间完成，那么系统状态的运动轨迹是光滑的。不过，由于惯性的存在、固定空间滞后、未建模态和有限采样频率等原因的制约，实际滑模呈现为在光滑运动上叠加抖动运动，即我们常说的抖振现象。除非在特殊情况下可能需要利用抖振外，一般来说抖振是十分有害的，因为它可能激发系统的高频振动，导致控制精度下降，加剧实际装置磨损，增加系统能耗等[60][65]，严重时甚至会直接导致控制机构损坏，带来人身和财产损失，所以滑模控制无论是应用于航空发动机还是其他系统，都要避免这种极端的情况发生。在实际工程中，如果不消除抖振或将其削弱到允许范围内，SMC 是不能使用的[67]。

抖振是阻碍滑模控制理论在工程实际中应用的重要因素。在抖振的抑制上，Slotine 在滑模控制中引入了"边界层"的概念，有效地削弱了抖振；我国高为炳院士提出利用趋近律的概念来抑制抖振的方法，可以通过整合参数来抑制抖振，控制品质有效提高。其他很多学者也对这个问题做了大量的研究，提出了不少削弱抖振的方法。不过，削弱抖振的方法总的来说主要分两类：一类是对理想切换采用连续化近似；一类是调整趋近律。

（1）边界层方法

在每个超平面附近设置一个较薄的边界层，在这个边界层内用连续函数代替切换函数，如最典型的方法是采用饱和函数（3-10）代替切换函数。

$$\mathrm{sat}(s) = \begin{cases} +1 & s > \phi \\ \dfrac{s}{\phi} & |s| < \phi \\ -1 & s < -\phi \end{cases} \tag{3-10}$$

其中 ϕ 为边界层厚度,指滑模面周围邻域的厚度。在边界层外,饱和函数等价于符号函数,在边界层内等价于连续函数。

边界层可以是常数也可以是自适应变量。开关方法连续化在消除抖振的同时也降低了系统的抗摄动性能。

其他一些常用来代替切换函数的连续函数还有双曲正切函数 $\tanh\left(\dfrac{s}{\phi}\right)$,反正切函数 $\operatorname{atan}\left(\dfrac{s}{\phi}\right)$ 等。图 3-3 给出了饱和函数、双曲正切函数、反正切函数对切换函数的逼近效果,其中边界层 $\phi = 0.02$。

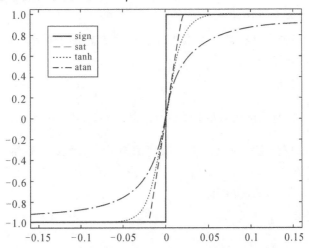

图 3-3　饱和函数、双曲正切函数、反正切函数对切换函数的逼近效果

(2) 趋近律方法

系统是具有惯性的,当系统运动到滑模面附近时,惯性使得系统能够穿越滑模面,通过调整趋近律也能够达到削弱抖振的目的。比较通用的趋近律为指数趋近律:

$$\dot{s} = -\varepsilon \operatorname{sgn}(s) - ks$$

其中 ε 表示系统到达切换面的趋近速度。当系统离切换面较远时,由于 ks 项,系统的趋近速度较大,当系统接近切换面时趋近速度则较小。趋近律方法能够达到响应速度快又削弱抖振的目的。

(3) 其他方法

除了边界层方法和趋近律方法外,还有许多削弱抖振的方法,如高增益连续化方法、基于状态的控制法、频率近似法、模糊变结构控制、神经网络变结构控制、高阶滑模等。这些方法的根本原理基本与边界层方法和趋近律方法相似。

3.3　基于趋近律的航空发动机滑模控制

3.3.1　基于指数趋近律的滑模控制

3.1.1.1　控制器设计

考虑航空涡轴发动机某工作点附近的线性状态空间模型：

$$\dot{x} = Ax + Bu$$
$$y = Cx \tag{3-11}$$

其中，$x = \begin{bmatrix} \Delta n_g \\ \Delta n_p \end{bmatrix}$，为系统状态变量，$\Delta n_g$ 为燃气涡轮相对转速，Δn_p 为动力涡轮相对转速，$u = \Delta W_f$，为相对供油量，y 为系统输出，A、B、C 为适维矩阵。

系统误差为

$$e = r - x, r、x \in \mathbf{R}^n$$

其中 r 为给定值。

取滑模面为

$$s = \sigma e, \sigma = \begin{bmatrix} \sigma_1 & 1 \end{bmatrix} \tag{3-12}$$

可知

$$\dot{s} = \sigma \dot{e} = \sigma(\dot{r} - \dot{x}) = \sigma(\dot{r} - Ax - Bu) \tag{3-13}$$

在本节中我们取趋近律为指数趋近律：

$$\dot{s} = -ks - \varepsilon \mathrm{sgn}(s), k > 0, \varepsilon > 0 \tag{3-14}$$

联立式(3-13)和式(3-14)可得

$$u = (\sigma B)^{-1} \begin{bmatrix} \sigma \dot{r} - \sigma Ax + \varepsilon \mathrm{sgn}(s) + ks \end{bmatrix}$$

当给定值为常值时 $\dot{r} = 0$，可得控制量为

$$u = (\sigma B)^{-1} \begin{bmatrix} -\sigma Ax + ks + \varepsilon \mathrm{sgn}(s) \end{bmatrix} \tag{3-15}$$

在本小节中我们利用用饱和函数对原来不连续开关函数进行替换的准滑模态的方法来抑制抖振。

3.3.1.2　仿真验证

本节所采用发动机状态空间模型来自文献[68]，其状态变量分别为涡轴发

动机燃气涡轮和动力涡轮相对转速,具体数据如下:

$$A=\begin{bmatrix} -5.7853 & 0 \\ -0.46031 & -5.08 \end{bmatrix}, B=\begin{bmatrix} 1.5859 \\ 3.4297 \end{bmatrix}$$

$$C=\begin{bmatrix} 1 & 0 \\ 0 & 1 \end{bmatrix}, D=\begin{bmatrix} 0 \\ 0 \end{bmatrix} \tag{3-16}$$

当发动机有参数摄动和干扰时,则

$$\dot{x}=A'x+B'u+f$$

$$y=C'x$$

$$A'=A+\Delta A, B'=B+\Delta B, C'=C+\Delta C \tag{3-17}$$

本书中仿真过程均是在 Matlab/Simulink 环境中进行的,滑模控制器结构见图 3-4。

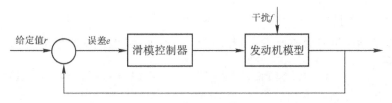

图 3-4　滑模控制器结构

Matlab/Simulink 中控制程序结构如图 3-5 所示。

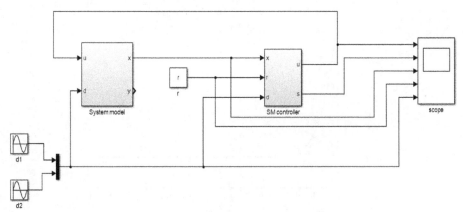

图 3-5　线性滑模控制程序结构

控制器内部结构如图 3-6 所示。

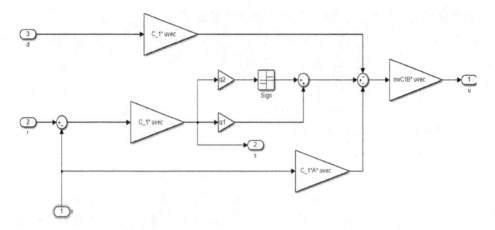

图 3-6　线性滑模控制器内部结构

(1) 无干扰情况

以模型(3-16)为被控系统,当 $r=0$, $f=0$ 时,设系统的初始值为 0.5,即取 $x_0 = \begin{bmatrix} 0.5 \\ 0.5 \end{bmatrix}$,使用式(3-14)指数趋近律,设计式(3-15)所示滑模控制器,其中 $\sigma = \begin{bmatrix} 15 & 1 \end{bmatrix}$, $\varepsilon = 1.5$, $k = 8$。仿真结果如图 3-7 至图 3-10 所示。

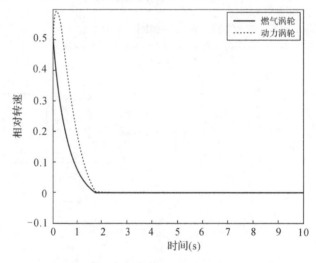

图 3-7　线性滑模转子相对转速变化(无干扰)

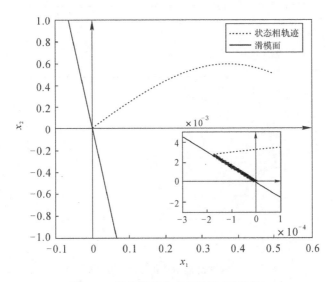

图 3-8　线性滑模状态相轨迹(无干扰)

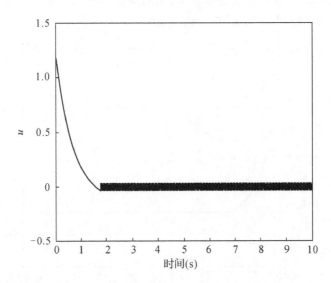

图 3-9　线性滑模控制量 u 的变化(无干扰)

　　仿真结果分析:观察仿真结果图像可以看出,滑模控制器设计有效,两种转子转速误差在有限时间内收敛至零,系统在很短时间内运动到滑模面并滑动至零,但是控制器的输出出现了强烈抖振的情况,这显然对实际控制十分不利。

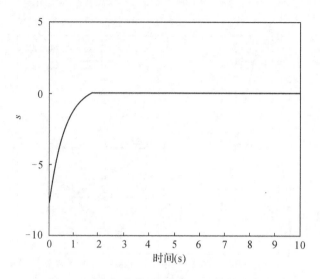

图 3-10   线性滑模切换函数 s 变化（无干扰）

现在使用饱和函数替换符号函数，取边界层 $\Delta = 0.5$，其他参数不变，替换后部分仿真结果如图 3-11 和图 3-12 所示。

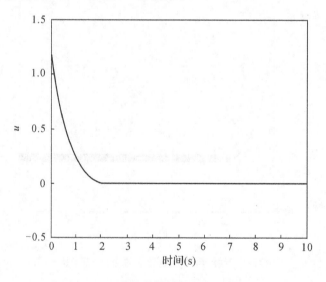

图 3-11   线性滑模控制量 u（去抖振）

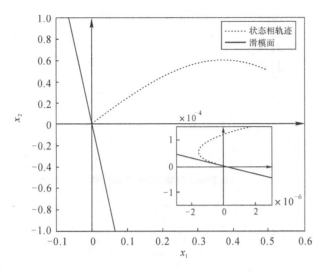

图 3-12　线性滑模状态相轨迹(去抖振)

可以看出替换之后控制输出变得平稳光滑,有效抑制了抖振,提高了品质。

(2) 有参数摄动情况

现在我们考虑有参数摄动的情况,即 $A'=A+\Delta A, B'=B+\Delta B, C'=C+\Delta C$,取 $\Delta A=0.02A, \Delta B=0.01B, \Delta C=0.015C$,其他参数不变,仿真结果如图 3-13 和图 3-14 所示。

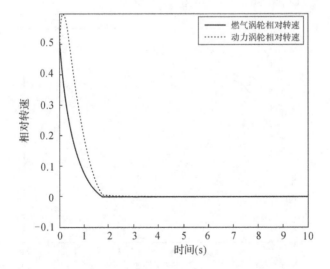

图 3-13　线性滑模转子相对转速变化(有参数摄动)

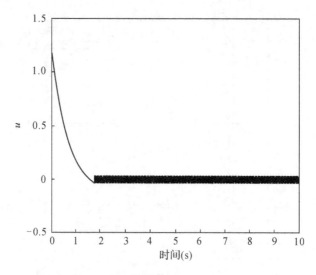

图 3-14　线性滑模控制量 u(有参数摄动)

由仿真结果可以看出,添加参数摄动后控制曲线几乎没有发生改变,线性滑模对参数摄动的抵抗性很好。

(3) 有外干扰情况

现在我们添加外干扰量,观察系统对干扰的鲁棒性,取 $f = \begin{bmatrix} 0.05\sin t \\ 0.05\sin t \end{bmatrix}$,其他参数不变,仿真结果如图 3-15 至图 3-18 所示。

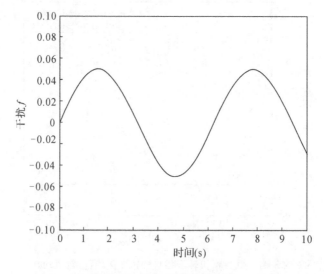

图 3-15　线性滑模外干扰量

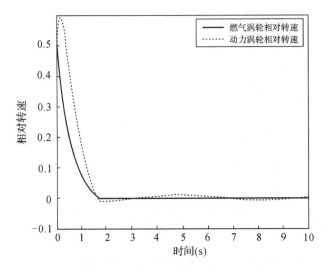

图 3-16　线性滑模转子相对转速变化(有外干扰)

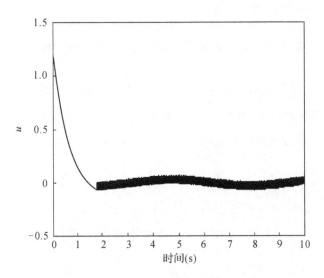

图 3-17　线性滑模控制量 u(有外干扰)

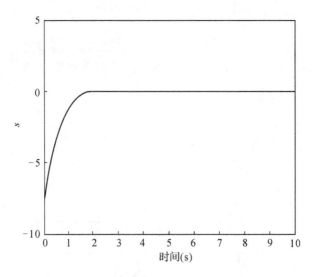

图 3-18 线性滑模切换函数 s 变化(有外干扰)

结果分析:从图 3-16 至图 3-18 中可以看出加外干扰后系统在一定程度上可以抵抗干扰的影响,有一定的鲁棒性。

3.3.2 基于 PVC 趋近律和 PID 趋近律的滑模控制

3.3.2.1 基于比例—等速—变速(PVC)趋近律的滑模控制

传统的等速趋近律、指数趋近律、幂次趋近律都有其优缺点,本节研究的比例—等速—变速趋近律把上述趋近律方法结合起来,具备它们的优点,适当规避其缺点。

本节选择比例—等速—变速(PVC)趋近律:

$$\dot{s} = -(\alpha\|x\|_1 \mathrm{sgn}(s) + \beta\mathrm{sgn}(s) + \gamma s) \tag{3-18}$$

其中,$\alpha,\beta,\gamma>0$,γs 为比例项,$\beta\mathrm{sgn}(s)$ 为等速项,$\alpha\|x\|_1$ 为变速项。其取值满足:

$$\begin{cases} \gamma>0,\alpha>0,\beta=0 & \text{当}\|x\|_1>\delta \\ \gamma=0,\alpha=0,\beta>0 & \text{当}\|x\|_1<\delta \end{cases} \tag{3-19}$$

其中,$\delta>0$,表示附面层厚度,常取经验值;α、β、γ 具体值为需要调优的参数。

显然式(3-19)满足:

$$\dot{s}s = -(\alpha\|x\|_1\mathrm{sgn}(s) + \beta\mathrm{sgn}(s) + \gamma s)s$$

$$= -(\alpha\|x\|_1 + \beta)s\,\mathrm{sgn}(s) - \gamma s^2 < 0$$

取二维度滑模面 $s=Lx=\begin{bmatrix} L_1 & L_2 \end{bmatrix}\times\begin{bmatrix} x_1 & x_2 \end{bmatrix}^{\mathrm{T}}$，综上得出完成的控制律为

$$u=-(LB)^{-1}(LAx+\alpha\|x\|_1\mathrm{sgn}(s)+\beta\mathrm{sgn}(s)+\gamma s) \tag{3-20}$$

显然可以看出，整个控制过程在开始的时候使用指数趋近律，在后期滑模阶段和稳态阶段采用变速趋近律，相比纯指数趋近律，该组合趋近策略在接近滑模面时的防抖振的特点更明显。

3.3.2.2　基于 PID 趋近律的滑模控制

本节选择比例—积分—微分（PID）趋近律为

$$\dot{s}=-(k_p(s+\mathrm{sgn}(s)k_p)+\mathrm{sgn}(s)k_i\int_{t_0}^{t}|s|\mathrm{d}t+k_d\dot{s}) \tag{3-21}$$

其中，k_p 为比例系数，k_i 为积分系数，k_d 为微分系数，t_0 为首次到达切换面的时间。显然上式满足 $\dot{s}s<0$ 的滑模控制稳定条件。

整理式（3-21）得

$$(1+k_d)\dot{s}=-(k_p(s+\mathrm{sgn}(s)k_p)+\mathrm{sgn}(s)k_i\int_{t_0}^{t}|s|\mathrm{d}t)$$

当 $s=0$ 时，系统运动到滑模面时：

$$\dot{s}=-(k_p(s+k_p)/(1+k_d)+k_i/(1+k_d)\int_{t_0}^{t}|s|\mathrm{d}t),s>0$$

$$\dot{s}=-(k_p(s-k_p)/(1+k_d)-k_i/(1+k_d)\int_{t_0}^{t}|s|\mathrm{d}t),s<0$$

在第一次到达滑模面时，积分项不存在，所以

$$\dot{s}=-k_p(s+k_p)/(1+k_d),s>0$$
$$\dot{s}=-k_p(s-k_p)/(1+k_d),s<0 \tag{3-22}$$

由式（3-22）得

$$s(t)=-k_p+(s_0+k_p)\mathrm{e}^{-k_pt(1+k_d)},s>0$$
$$s(t)=k_p+(s_0-k_p)\mathrm{e}^{-k_pt(1+k_d)},s<0 \tag{3-23}$$

当 $s(t)=0$ 时，解式（3-23）得

$$\ln(s_0+k_p)-\ln k_p=k_pt/(1-k_d),s>0$$
$$\ln(-s_0+k_p)-\ln k_p=k_pt/(1-k_d),s<0 \tag{3-24}$$

从式（3-24）可以求得由初始状态到达切换面的时间：

$$t^*=\frac{1+k_d}{k_p}\ln\frac{s_0+k_p}{k_p},s>0$$

$$t^*=\frac{1+k_d}{k_p}\ln\frac{k_p-s_0}{k_p},s<0$$

取二维滑模面 $s = \sigma x = [\sigma_1 \quad \sigma_2] \times [x_1 \quad x_2]^T$，则有

$$\dot{s} = \sigma \dot{x} = \sigma A x + \sigma B u$$

$$-\frac{k_p}{1+k_d}(s + \operatorname{sgn}(s)k_p) - \operatorname{sgn}(s)\frac{k_i}{1+k_d}\int_{t_0}^t |s|\,\mathrm{d}t = \sigma A x + \sigma B u$$

从而求得控制律：

$$u = -(\sigma B)^{-1}\left[\sigma A x + \frac{k_p}{1+k_d}(s + \operatorname{sgn}(s)k_p)\right.$$

$$\left. + \operatorname{sgn}(s)\frac{k_i}{1+k_d}\int_{t_0}^t |s|\,\mathrm{d}t\right] \tag{3-25}$$

3.3.2.3　仿真验证

针对某涡轴发动机在某稳态工作点时飞行马赫数、飞行高度、导叶角角度和功率涡轮相对转速（$M_a = 0$，$H = 0\,\mathrm{km}$，$\mathrm{DYJ} = 40°$，$\mathrm{PNP} = 90\%$）的小偏差模型：

$$A = \begin{bmatrix} -4.1738 & -0.0721 \\ 1.2877 & -0.6188 \end{bmatrix}, B = \begin{bmatrix} 681.3028 & 4.5337 \\ 65.7765 & -0.7223 \end{bmatrix}$$

$$C = \begin{bmatrix} 1 & 0 \\ 0 & 1 \end{bmatrix}, D = \begin{bmatrix} 0 & 0 \\ 0 & 0 \end{bmatrix}$$

根据最优化设计方法求得滑模面 $\sigma = [4.13 \quad 1]$。

PVC 控制方法参数为

$$\begin{cases} \gamma = 1, \alpha = 1, \beta = 0 & \|x\|_1 > 1 \\ \gamma = 0, \alpha = 0, \beta = 1 & \|x\|_1 \leqslant 1 \end{cases}$$

选取 PID 参数 $k_p = 25$，$k_i = 1.2$，$k_d = 0.02$，加上 1% 的干扰，在 $M_a = 0$，$H = 0$，$\mathrm{DYJ} = 40$，$\mathrm{PNP} = 90\%$ 处进行仿真。

分别给动力涡轮 5% 的阶跃转速指令、燃气涡轮保持不动，给动力涡轮保持不变、燃气涡轮 10% 的阶跃转速指令，动力涡轮 5% 的阶跃转速指令和燃气涡轮 10% 的阶跃转速指令进行仿真，仿真结果如图 3-19 至图 3-21 所示。仿真结果表明基于 PVC 趋近律和基于 PID 趋近律的滑模控制方法均能够实现很好的控制效果，相对来说基于 PID 趋近律方法的滑模控制器的动态性能稍好。

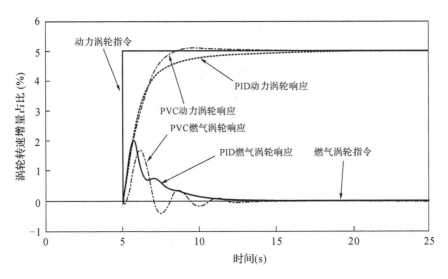

图 3-19　单独给动力涡轮转速 5% 阶跃指令

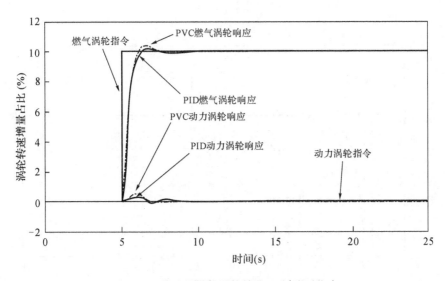

图 3-20　单独给燃气涡轮转速 10% 阶跃指令

　　图 3-22、图 3-23 为有外干扰的情况下燃气涡轮和动力涡轮对干扰的响应效果,结果表明控制系统具有一定的抗干扰性,系统对动力涡轮外干扰更加敏感,因为动力涡轮连着直升机旋翼,转动惯量非常大,按照我们外加的干扰类型来说,加载动力涡轮上的外干扰能量远大于加载燃气涡轮上的外干扰的能量,所以系统出现较大的波动也是能够解释的。

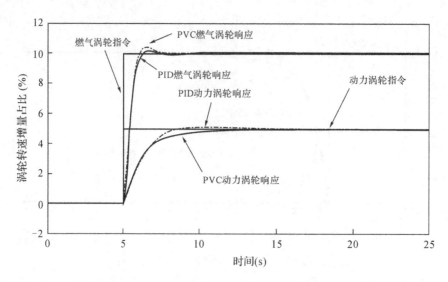

图 3-21　给燃气涡轮转速 10％和动力涡轮转速 5％阶跃指令

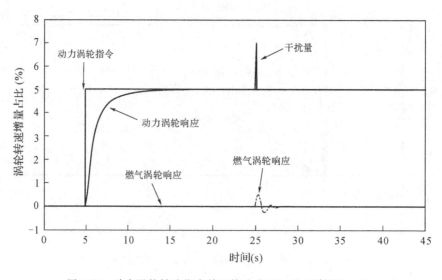

图 3-22　动力涡轮转速指令外干扰响应(25s 处 2％转速 0.1s)

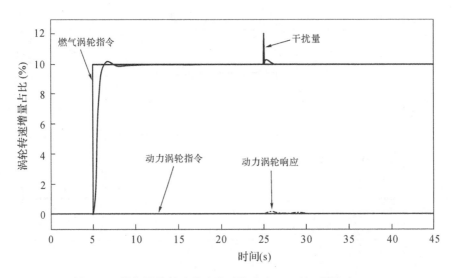

图 3-23　燃气涡轮转速指令外干扰响应(25s 处 2％转速 0.1s)

图 3-24 至图 3-27 几幅仿真结果图,表述了基于 PID 趋近律的滑模控制器的控制效果,图 3-24 和图 3-25 由于系统动力涡轮的响应时间较长,发生跟踪效果滞后的情况,而燃气涡轮则表现良好。

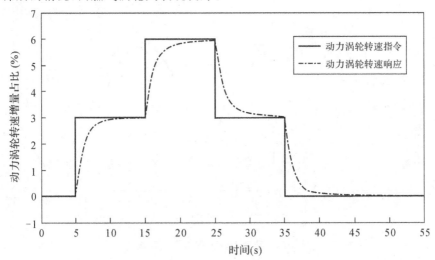

图 3-24　动力涡轮阶梯指令跟踪响应

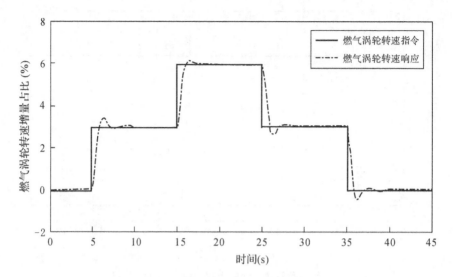

图 3-25　燃气涡轮阶梯指令跟踪响应

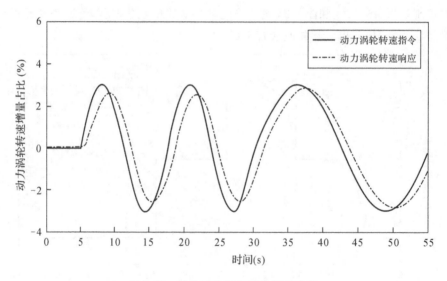

图 3-26　动力涡轮正弦指令跟踪响应

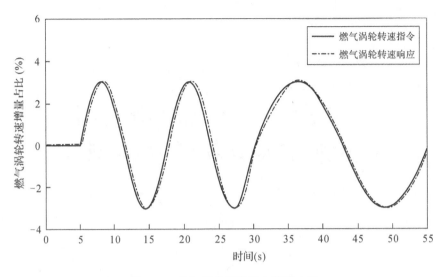

图 3-27　燃气涡轮正弦指令跟踪响应

3.4　本章小结

　　本章首先阐述了滑模控制的基本理论,其中包括滑动模态相关概念、滑模控制器一般结构和设计步骤、线性滑模面的设计要求和设计方法,并讨论了抖振问题;然后针对涡轴发动机线性模型,分别使用了指数趋近律、比例—等速—变速趋近律和基于 PID 的趋近律,设计了基于线性滑模面的航空发动机滑模控制器。仿真结果表明,在指数趋近律作用下,加外干扰和参数摄动的航空发动机不确定滑模控制系统具有较好的鲁棒性;PID 趋近律相对于比例—等速—变速趋近律来说闭环系统的动态响应效果要更好。总体上来说,滑模控制方法对航空发动机的控制效果良好。

第4章　基于积分滑模面
的航空发动机滑模控制

4.1　引　言

在第3章中,基于线性滑模面的滑模控制虽然能够达成控制要求,但是未改进的线性滑模抖振严重,引入边界层又会产生稳态误差[69],所以 Slotine[70] 提出在取滑模面时加入积分项,构成积分滑模面,既可以提高系统的抗抖振性能,又可以减小稳态误差。Chern 等[71]在线性系统中添加积分器,实现了信号的跟踪和扰动的抑制,并成功在伺服电机上应用;Stepanenko 等[72]在机械臂的跟踪控制中提出了一种 PID 形式的滑模面机械臂的跟踪控制,具有更快的响应速度。

近年来,很多学者针对不同的被控对象开展了积分滑模的控制理论与应用研究[73−77],本章将以航空发动机为对象,分别设计基于常规积分滑模面和二次积分滑模面的滑模控制器。

4.2　基于常规积分滑模面的航空发动机滑模控制

4.2.1　航空发动机常规积分滑模控制器设计

第3章主要探讨了基于线性滑模面的控制器设计问题,在这一节中我们将使用积分滑模控制器处理航空发动机控制系统的跟踪问题,保证系统输出对输入指令有很快的响应速度和较小的稳态误差。

对于某航空发动机线性状态空间模型:

$$\dot{x} = Ax + Bu$$
$$y = Cx \tag{4-1}$$

其中,$x = [x_1, x_2]^{\mathrm{T}} \in \mathbf{R}^2, u \in \mathbf{R}$

$$A = \begin{bmatrix} 0 & 1 \\ a_{21} & a_{22} \end{bmatrix}, B = \begin{bmatrix} 0 \\ 1 \end{bmatrix}, C = \begin{bmatrix} 1 & 0 \\ 0 & 1 \end{bmatrix}, D = \begin{bmatrix} 0 \\ 0 \end{bmatrix}$$

显然,系统(4-1)为可控正则型。

设给定值为 x_r,则有误差及误差动态为

$$e = x_r - x_1$$
$$\dot{e} = \dot{x}_r - \dot{x}_1 = \dot{x}_r - x_2 \tag{4-2}$$

设计积分滑模面切换函数为

$$s = \sigma e + \dot{e} + k_t \int_0^t e \, dt \tag{4-3}$$

取指数趋近律

$$\dot{s} = -\varepsilon \mathrm{sgn}(s) - ks \tag{4-4}$$

根据式(4-3)和式(4-4)可得

$$\sigma \dot{e} + \ddot{e} + k_t e = -\varepsilon \mathrm{sgn}(s) - ks \tag{4-5}$$

由系统(4-1)状态方程可得

$$\dot{x}_2 = a_{21} x_1 + a_{22} x_2 + u \tag{4-6}$$

联立式(4-1) ～ 式(4-6),可求得

$$u = \sigma(\dot{x}_r - x_2) + \ddot{x}_r - a_{21} x_1 - a_{22} x_2 + k_t(x_r - x_1) + \varepsilon \mathrm{sgn}(s) + ks \tag{4-7}$$

以上推导基于可控正则型系统空间模型,然而实际上航空发动机模型并不一定具有这一特点,我们要按需对模型进行线性变换。

设利用矩阵 T 对原有模型矩阵进行线性变换,则有

$$x = Tz$$
$$z = T^{-1} x$$

那么新的状态空间模型为

$$\dot{z} = T^{-1}ATz + T^{-1}Bu + T^{-1}f$$
$$y = CTz$$

令 $\overline{A} = T^{-1}AT, \overline{B} = T^{-1}B, \overline{f} = T^{-1}f, \overline{C} = CT$，可得

$$\dot{z} = \overline{A}z + \overline{B}u + \overline{f}$$

$$y = \overline{C}z$$

由此经过线性变换后问题就转化为可控正则型的控制问题，就可以用之前推导的方法进行设计。

4.2.2　仿真验证

仍然采用 3.3.1.2 节发动机模型(3-16)：

$$\dot{x} = Ax + Bu$$

$$y = Cx$$

$$A = \begin{bmatrix} -5.7853 & 0 \\ -0.46031 & -5.08 \end{bmatrix}, B = \begin{bmatrix} 1.5859 \\ 3.4297 \end{bmatrix}, C = \begin{bmatrix} 1 & 0 \\ 0 & 1 \end{bmatrix}$$

设矩阵 T 为 $T = \begin{bmatrix} t_{11} & t_{12} \\ t_{21} & t_{22} \end{bmatrix}$，通过以下方程：

$$\overline{A} = \begin{bmatrix} 0 & 1 \\ a_{21} & a_{22} \end{bmatrix} = T^{-1}AT,$$

$$\overline{B} = \begin{bmatrix} 0 \\ 1 \end{bmatrix} = T^{-1}B$$

求得 $T = \begin{bmatrix} 8.0508 & 1.5848 \\ 19.0986 & 3.4271 \end{bmatrix}$

那么经过线性变换后为

$$\dot{x} = \overline{A}x + \overline{B}u$$

$$y = \overline{C}x$$

$$\overline{A} = \begin{bmatrix} 0 & 1 \\ -29.3691 & -10.8613 \end{bmatrix}, \overline{B} = \begin{bmatrix} 0 \\ 1 \end{bmatrix} \tag{4-8}$$

$$\overline{C} = \begin{bmatrix} 8.0508 & 1.5848 \\ 19.0986 & 3.4271 \end{bmatrix},$$

$$T = \begin{bmatrix} 8.0508 & 1.5848 \\ 19.0986 & 3.4271 \end{bmatrix}$$

Matlab/Simulink 中控制程序结构如图 4-1 所示。

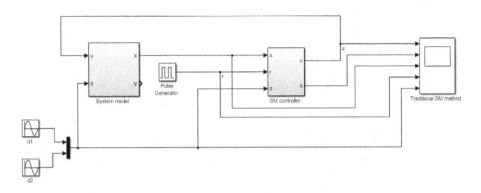

图 4-1　积分滑模控制程序

控制器内部结构如图 4-2 所示。

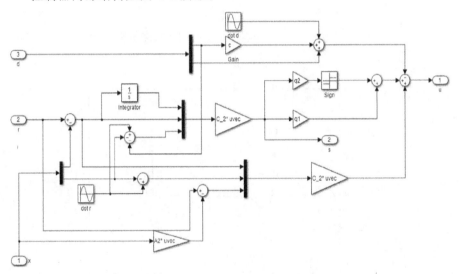

图 4-2　积分滑模控制器内部结构

（1）无干扰情况

取 $x_0 = \begin{bmatrix} 0.5 \\ 0.5 \end{bmatrix}$，$\sigma = 15$，$\varepsilon = 1.5$，$k = 8$，$k_t = 30$，$x_r$ 取方波信号，$\bar{f} = 0$，仿真结果如图 4-3 至图 4-7 所示。

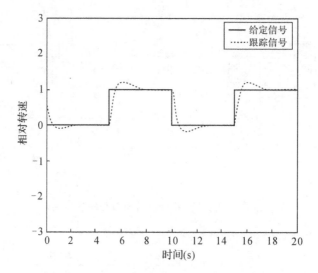

图 4-3　积分滑模燃气涡轮转速跟踪(无干扰)

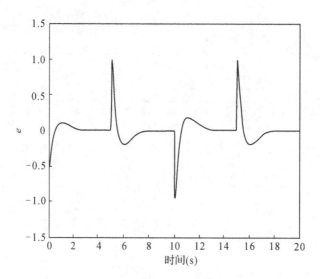

图 4-4　积分滑模跟踪误差 e(无干扰)

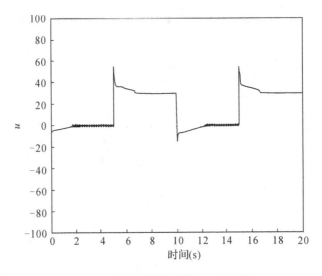

图 4-5　积分滑模控制量 u（无干扰）

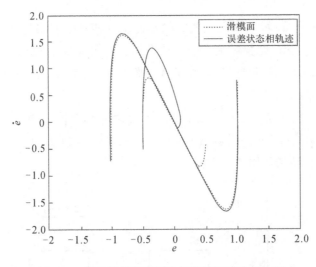

图 4-6　积分滑模燃气涡轮相对转速误差相轨迹

注：由于积分滑模面的特殊性，滑模面初始点取值不同则滑模面有所不同，图 4-6 是分别取滑模面初始值为 $(0.5,0.5)$，$(0.5,-0.5)$，$(-0.5,0.5)$，$(-0.5,-0.5)$，$(1,1)$，$(1,-1)$，$(-1,1)$，$(-1,-1)$ 八个点时的滑模面，可以看出：

1）对于某一些滑模面，虽然接触，但是并不是到达并保持在滑模面上；

2）积分滑模面其实与线性滑模面在到达后很相似；

3) 初始点在左半平面,不适合于做该系统该初始状态下的积分滑模面。

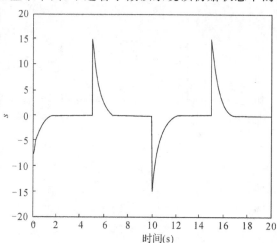

图 4-7　积分滑模切换函数 s(无干扰)

仿真结果分析:可以看出燃气涡轮转速基本实现了对给定信号的跟踪,且反应时间较短,比较迅速,有超调量;动力涡轮转速定义为燃气涡轮转速的导数,也间接实现了控制目标;控制输出有抖振现象,但是幅度很小,可以忽略。

(2) 有参数摄动情况

现在我们考虑有参数摄动的情况,即发动机数学模型中 $A' = A + \Delta A$,$B' = B + \Delta B$,$C' = C + \Delta C$。取 $\Delta A = 0.02A$,$\Delta B = 0.01B$,$\Delta C = 0.015C$,其他参数不变,仿真结果如图 4-8 至图 4-10 所示。

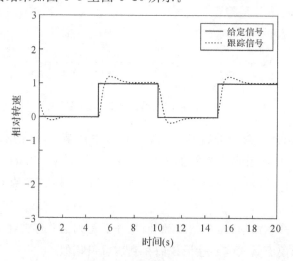

图 4-8　积分滑模燃气涡轮转速跟踪(有参数摄动)

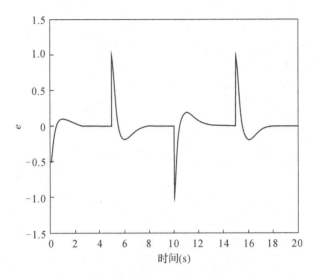

图 4-9　积分滑模跟踪误差 e（有参数摄动）

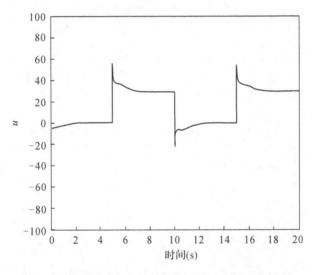

图 4-10　积分滑模控制量 u（有参数摄动）

从仿真结果可以看出，参数摄动对跟踪控制结果几乎没有影响，说明积分滑模对参数摄动的抵抗性很好。

（3）有外干扰情况

现在我们加上干扰量，测试积分滑模对干扰的鲁棒性。取干扰量 $f = \begin{bmatrix} 0.05\sin t \\ 0.05\sin t \end{bmatrix}$，其他参数不变，仿真结果如图 4-11 至图 4-14 所示。

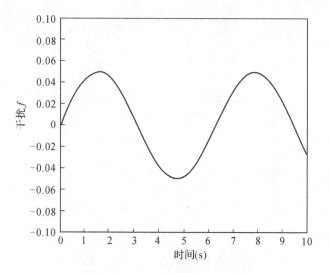

图 4-11　积分滑模外干扰量

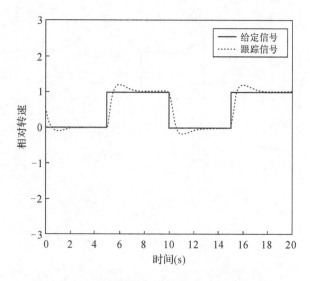

图 4-12　积分滑模燃气涡轮转速跟踪(有外干扰)

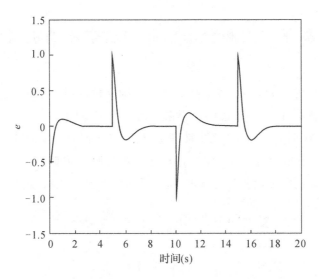

图 4-13　积分滑模跟踪误差（有外干扰）

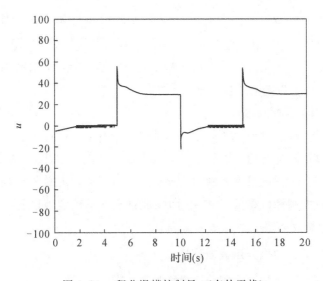

图 4-14　积分滑模控制量 u（有外干扰）

由图 4-14 可以看出跟踪结果基本没有发生变化,与线性滑模相比对干扰有更好的鲁棒性,具有更强的抗干扰能力。

4.3   基于二次积分滑模面的航空发动机滑模控制

本节针对航空发动机,考虑其面临的不确定性问题,基于二次积分滑模面设计滑模控制器。该控制器能够使得系统迅速稳定,具有较小的超调量,且有较强的鲁棒性。根据 Lyapunov 稳定性理论,证明二次积分滑模面的可达性和航空发动机闭环系统的鲁棒稳定性。针对某涡轴发动机的仿真结果表明,本节所提方法能够保证航空发动机系统稳定,具有平滑的控制量,获得更强的鲁棒性。

4.3.1   航空发动机二次积分滑模控制器设计

4.3.1.1   系统描述

考虑由以下形式描述的航空发动机系统:

$$\dot{x}(t) = f(x) + \Delta f(x) + [g(x) + \Delta g(x)]u \tag{4-9}$$

其中,$x = x(t) = [x_1 \quad x_2 \quad \cdots \quad x_n]^T$ 为状态向量;$u \in \mathbf{R}$,为控制信号;$f(x) = [f_1(x) \quad f_2(x) \quad \cdots \quad f_n(x)]^T$ 且 $f_i(x) \in \mathbf{R}^n$,为非线性动态向量;$g(x) = [g_1(x) \quad g_2(x) \quad \cdots \quad g_n(x)]^T$ 且 $g_i(x) \in \mathbf{R}^n$,为非线性控制量增益向量;$\Delta f(x)$ 与 $\Delta g(x)$ 为未知的参数不确定性。

下面引入本节所需假设:

假设 4-1 $\|\Delta f(x)\| \leqslant \xi_1 \|x\| + \xi_0$,其中 $\xi_0 > 0, \xi_1 > 0, \|\cdots\|$ 表示欧氏范数。

假设 4-2 $\|\Delta g(x)\| \leqslant \zeta_1 \|x\| + \zeta_0$,其中 $\zeta_0 > 0, \zeta_1 > 0, \|\cdots\|$ 表示欧氏范数。

考虑系统(4-9)的滑模控制律为 $u = u_1 + u_0$,其中 u_1 为滑模控制律的非线性部分,u_0 为控制律 u 的等效控制,即保证对不含不确定性以及干扰的标称系统的控制。假设 u_0 满足 $u_0 \leqslant \beta_0 + \beta_1 \|x\|$。

4.3.1.2   二次积分滑模面设计

定义系统(4-9)的二次积分滑模切换函数[77] 为

$$s = \frac{1}{2}[x^T(t)x(t) - x_0^T x_0] - \int_0^t \{x^T(t)[f(x) + g(x)u]$$
$$- b(x)u_1\}dt \tag{4-10}$$

其中,x_0 为状态变量初值,$b(x) \in \mathbf{R}$,定义为

$$b(x) = \sigma + \zeta_0 \|x\| + \zeta_1 \|x\|^2 + \|x^T(t)g(x)\| \tag{4-11}$$

且 $\sigma > 0$，因此我们可推知 $\lVert b(x) \rVert^{-1} \leqslant \delta, \delta = (\sigma + \zeta_0 \lVert x \rVert + \zeta_1 \lVert x \rVert^2)^{-1}$。

假设滑模面 $s = 0$ 可到达，则有

$$\frac{1}{2}\left[x^{\mathrm{T}}(t)x(t) - x_0^{\mathrm{T}}x_0\right] - \int_0^t \{x^{\mathrm{T}}(t)[f(x) + g(x)u] - b(x)u_1\} \mathrm{d}t = 0$$

由系统(4-9)可推知

$$\frac{1}{2}x^{\mathrm{T}}(t)x(t)\Big|_0^t - \int_0^t \{x^{\mathrm{T}}(t)[f(x) + g(x)u] - b(x)u_1\} \mathrm{d}t = 0$$

$$\int_0^t x^{\mathrm{T}}(t)\dot{x}(t)\mathrm{d}t - \int_0^t \{x^{\mathrm{T}}(t)[f(x) + g(x)u] - b(x)u_1\} \mathrm{d}t = 0$$

$$\Rightarrow \int_0^t \{x^{\mathrm{T}}(t)[\dot{x}(t) - f(x) - g(x)u] + b(x)u_1\} \mathrm{d}t = 0$$

$$\Rightarrow \int_0^t \{x^{\mathrm{T}}(t)[\Delta f(x) + \Delta g(x)u] + b(x)u_1\} \mathrm{d}t = 0$$

所以滑模面方程为

$$s = \int_0^t \{x^{\mathrm{T}}(t)[\Delta f(x) + \Delta g(x)u] + b(x)u_1\} \mathrm{d}t = 0 \tag{4-12}$$

4.3.1.3　二次积分滑模控制器设计

设计二次积分滑模控制律为

$$u = u_0 - b^{-1}(x)[(\lambda_0 + \lambda_1 \lVert x \rVert)s + (\eta_0 + \eta_1 \lVert x \rVert)\mathrm{sgn}(s)] \tag{4-13}$$

其中

$$\lambda_0 \geqslant \frac{\varepsilon_1(\zeta_1 \lVert x \rVert^2 + \zeta_0 \lVert x \rVert + \sigma)}{\sigma}$$

$$\lambda_1 \geqslant 0$$

$$\eta_0 \geqslant \frac{\varepsilon_2(\zeta_1 \lVert x \rVert^2 + \zeta_0 \lVert x \rVert + \sigma)}{\sigma} \tag{4-14}$$

$$\eta_1 \geqslant (\sigma\delta)^{-1}[\xi_0 + \zeta_0\beta_0 + (\xi_1 + \zeta_0\beta_1 + \zeta_1\beta_0)\lVert x \rVert + \zeta_1\beta_1\lVert x \rVert^2]$$

ε_1 与 ε_2 为正趋近系数。

当到达滑模面后，滑模控制律等同于等效控制律，即 $u = u_0$。

4.3.1.4　二次积分滑模面可达性分析

在选取了滑模面、设计滑模控制律后，本节将对滑模面的可达性进行论证。

首先介绍本节的第一个定理：

定理 4-1：对于系统(4-9)，当滑模控制律(4-13)满足条件(4-14)时，该系统的状态变量可在有限时间内到达滑模面 $s(x) = 0$ 上，并保持在滑模面上。

证明：

对滑模 s 进行求导，并考虑系统(4-9)，可得

$$\dot{s} = x^{\mathrm{T}}(t)[\Delta f(x) + \Delta g(x)u] + b(x)u_1$$
$$= x^{\mathrm{T}}(t)[\Delta f(x) + \Delta g(x)(u_0 + u_1)] + b(x)u_1$$
$$= x^{\mathrm{T}}(t)\Delta f(x) + x^{\mathrm{T}}(t)\Delta g(x)u_0 + [x^{\mathrm{T}}(t)\Delta g(x) + b(x)]u_1$$

考虑控制律(4-13)，以及假设 4-1 与假设 4-2，可得

$$s\dot{s} = x^{\mathrm{T}}(t)\Delta f(x)s + sx^{\mathrm{T}}(t)\Delta g(x)u$$
$$+ sb(x)\{-b^{-1}(x)[(\lambda_0 + \lambda_1\|x\|)s + (\eta_0 + \eta_1\|x\|)\mathrm{sgn}(s)]\}$$
$$= x^{\mathrm{T}}(t)\Delta f(x)s + sx^{\mathrm{T}}(t)\Delta g(x)u - (\lambda_0 + \lambda_1\|x\|)s^2$$
$$- (\eta_0 + \eta_1\|x\|)|s|$$

由

$$sx^{\mathrm{T}}(t)\Delta g(x)u = sx^{\mathrm{T}}(t)\Delta g(x)\{u_0 - b^{-1}(x)[(\lambda_0 + \lambda_1\|x\|)s + (\eta_0 + \eta_1\|x\|)\mathrm{sgn}(s)]\}$$
$$= sx^{\mathrm{T}}(t)\Delta g(x)u_0 - x^{\mathrm{T}}(t)\Delta g(x)b^{-1}(x)$$
$$(\lambda_0 + \lambda_1\|x\|)s^2 - x^{\mathrm{T}}(t)\Delta g(x)b^{-1}(x)$$
$$(\eta_0 + \eta_1\|x\|)|s|$$

可得

$$s\dot{s} = x^{\mathrm{T}}(t)\Delta f(x)s + sx^{\mathrm{T}}(t)\Delta g(x)u_0 - x^{\mathrm{T}}(t)\Delta g(x)b^{-1}(x)$$
$$(\lambda_0 + \lambda_1\|x\|)s^2$$
$$- x^{\mathrm{T}}(t)\Delta g(x)b^{-1}(x)(\eta_0 + \eta_1\|x\|)|s| - (\lambda_0 + \lambda_1\|x\|)s^2$$
$$- (\eta_0 + \eta_1\|x\|)|s|$$
$$= x^{\mathrm{T}}(t)\Delta f(x)s + sx^{\mathrm{T}}(t)\Delta g(x)u_0$$
$$- (1 + x^{\mathrm{T}}(t)\Delta g(x)b^{-1}(x))(\lambda_0 + \lambda_1\|x\|)s^2$$
$$- (1 + x^{\mathrm{T}}(t)\Delta g(x)b^{-1}(x))(\eta_0 + \eta_1\|x\|)|s|$$

由 $u_0 \leqslant \beta_0 + \beta_1\|x\|$, $\|\Delta f(x)\| \leqslant \xi_1\|x\| + \xi_0$, $\|\Delta g(x)\| \leqslant \zeta_1\|x\| + \zeta_0$
得

$$s\dot{s} \leqslant \|x\|(\xi_1\|x\| + \xi_0)|s| + \|x\|(\xi_1\|x\| + \xi_0)(\beta_0 + \beta_1\|x\|)|s|$$
$$+ \|x\|(\xi_1\|x\| + \xi_0)b^{-1}(x)(\lambda_0 + \lambda_1\|x\|)s^2 + \|x\|(\xi_1\|x\|$$
$$+ \xi_0)b^{-1}(x)(\eta_0 + \eta_1\|x\|)|s|$$
$$- (\lambda_0 + \lambda_1\|x\|)s^2 - (\eta_0 + \eta_1\|x\|)|s|$$

因此

$$s\dot{s} \leqslant [(\xi_1\|x\| + \xi_0) + (\zeta_1\|x\| + \zeta_0)(\beta_0 + \beta_1\|x\|)]\|x\||s|$$
$$+ (\lambda_0 + \lambda_1\|x\|)[(\xi_1\|x\| + \xi_0)\|x\|b^{-1}(x) - 1]s^2$$

$$+(\eta_0+\eta_1\|x\|)[\|x\|(\xi_1\|x\|+\xi_0)b^{-1}(x)-1]|s|$$

再由 $b(x)=\sigma+\zeta_0\|x\|+\zeta_1\|x\|^2+\|x^T(t)g(x)\|$

得

$$\dot{s}s\leqslant\{\xi_0+\zeta_0\beta_0+(\xi_1+\zeta_0\beta_1+\zeta_1\beta_0)\|x\|+\zeta_1\beta_1\|x\|^2\}\|x\|\cdot|s|$$
$$-\frac{\sigma+\|x^T(t)g(x)\|}{b(x)}(\lambda_0+\lambda_1\|x\|)s^2-\frac{\sigma+\|x^T(t)g(x)\|}{b(x)}(\eta_0$$
$$+\eta_1\|x\|)|s|$$

当选择 $\xi_0,\xi_1,\zeta_0,\zeta_1$ 皆为 0 时，$\dot{s}s\leqslant-\varepsilon_1s^2-\varepsilon_2|s|$，满足进入滑动模态的条件，因此滑模面 $s(x)=0$ 可在有限时间内到达，并保持在滑模面上。

4.3.1.5　滑动模态的稳定性

当到达滑模面 $s(x)=0$ 后，并保持在 $s(x)=0$ 上，则 $\dot{s}(x)=0$，即

$$\dot{s}=x^T(t)[\Delta f(x)+\Delta g(x)u]+b(x)u_1=0 \tag{4-15}$$

下面介绍本节第二个定理。

定理 4-2：当系统(4-9)进入滑模面 $s(x)=0$ 后，系统的稳定性由 $\dot{x}(t)=f(x)+g(x)u_0$ 决定。

证明：选择 Lyapunov 函数为

$$V(x)=\frac{1}{2}x^T(t)x(t)$$

将其对时间求导，得

$$\begin{aligned}\dot{V}(x)&=x^T(t)\dot{x}(t)\\&=x^T(t)[f(x)+g(x)u+\Delta f(x)+\Delta g(x)u]\\&=x^T(t)f(x)+x^T(t)g(x)u+x^T(t)\Delta f(x)+x^T(t)\Delta g(x)u\end{aligned}$$

考虑(4-15)，有

$$\dot{V}(x)=x^T(t)[f(x)+g(x)u-b(x)u_1]$$

在 $s(x)=0$ 时，有 $u=u_0,u_1=0$，因此

$$\dot{V}(x)=x^T(t)f(x)+x^T(t)g(x)u_0$$

可以看出，当系统 $\dot{x}(t)=f(x)+g(x)u_0$ 在控制量 u_0 的作用下稳定时，则相应的 $\dot{V}(x)=x^T(t)f(x)+x^T(t)g(x)u_0$ 也是稳定的，则系统(4-9)在滑模面 $s(x)=0$ 上时是稳定的。

4.3.2　仿真验证

本节研究对象为文[68]中涡轴发动机线性化模型：

$$\begin{cases} \dot{x} = Ax + Bu \\ y = Cx + Du \end{cases} \qquad (4\text{-}16)$$

该模型选择燃气涡轮转速 n_g、动力涡轮转速 n_p 作为状态变量；选择压气机出口压力 p_3、高压涡轮出口温度 T_4 作为输出量；选择发动机燃油流量 W_f 作为控制量。用物理参数表达的发动机模型如下：

$$\begin{bmatrix} \Delta n_g \\ \Delta n_p \end{bmatrix} = \begin{bmatrix} a_{11} & a_{12} \\ a_{21} & a_{22} \end{bmatrix} \begin{bmatrix} n_g \\ n_p \end{bmatrix} + \begin{bmatrix} b_1 \\ b_2 \end{bmatrix} W_f$$

$$\begin{bmatrix} n_g \\ n_p \\ p_3 \\ T_4 \end{bmatrix} = \begin{bmatrix} 1 & 0 \\ 0 & 1 \\ c_{31} & c_{32} \\ c_{41} & c_{42} \end{bmatrix} \begin{bmatrix} n_g \\ n_p \end{bmatrix} + \begin{bmatrix} 0 \\ 0 \\ d_3 \\ d_4 \end{bmatrix} W_f$$

输出只考虑 n_g 与 n_p 后，该模型的数学表达式为

$$A = \begin{bmatrix} -5.7853 & 0 \\ -0.46031 & -5.08 \end{bmatrix}, B = \begin{bmatrix} 1.5859 \\ 3.4297 \end{bmatrix}, C = \begin{bmatrix} 1 & 0 \\ 0 & 1 \end{bmatrix}, D = \begin{bmatrix} 0 \\ 0 \end{bmatrix}$$

$$(4\text{-}17)$$

系统(4-16)可表述为

$$\begin{cases} \dot{x} = f(x) + g(x)u \\ y = Cx + Du \end{cases}$$

其中，$f(x) = Ax$，$g(x) = B$。

对于发动机模型(4-17)，当发动机数学模型有参数摄动 f 时，则有

$$\begin{cases} \dot{x} = A'x + B'u + f \\ y = C'x \end{cases}$$

其中，$A' = A + \Delta A$，$B' = B + \Delta B$，$C' = C + \Delta C$

仿真中，我们首先考虑 $\Delta A = 0.05A$，$\Delta B = 0.02B$，$f = 0$。

将 B 分解为

$$B' = \begin{bmatrix} B'_1 \\ B'_2 \end{bmatrix}, \det B'_2 \neq 0, B'_2 \notin \mathbf{R}^m$$

则经线性变换：

$$\bar{x} = Tx, T = \begin{bmatrix} I_{n-m} & -B_1 B_2^{-1} \\ 0 & I_m \end{bmatrix}$$

将系统转化为

$$\dot{\bar{x}} = \overline{A}\bar{x} + \overline{B}u \qquad (4\text{-}18)$$

其中

$$\overline{B}=TB'=\begin{bmatrix}0\\B'_2\end{bmatrix},\overline{A}=TA'T^{-1}=\begin{bmatrix}\overline{A}_{11}&\overline{A}_{12}\\\overline{A}_{21}&\overline{A}_{22}\end{bmatrix}$$

通过计算得

$$T=\begin{bmatrix}1&-0.4624\\0&1\end{bmatrix},\overline{B}=\begin{bmatrix}0\\3.4983\end{bmatrix},\overline{A}=\begin{bmatrix}-5.8511&-0.2391\\-0.4833&-5.5575\end{bmatrix},$$

式(4-18)可表示为

$$\dot{x}_1=\overline{A}_{11}x_1+\overline{A}_{12}x_2$$

$$\dot{x}_2=\overline{A}_{21}x_1+\overline{A}_{22}x_2+\overline{B}_2u$$

由于在滑模面上 $s=0,\dot{s}=0,u=u_0$，由式(4-15)可得

$$x^{\mathrm{T}}(t)[f(x)+g(x)u_0]=0$$

将系统代入推导得

$$u_0=-\frac{A_{11}x_1^2+(A_{12}+A_{21})x_1x_2+A_{22}x_2^2}{x_2B_2}\tag{4-19}$$

将式(4-19)代入式(4-13)二次积分滑模中，通过多次对参数进行修订，发现当 $\sigma=1,\zeta_0=0,\zeta_1=0,\lambda_0=8,\lambda_0=0.1,\eta_0=0.1,\eta_0=2$ 时，系统具有较好的性能表现。并将仿真结果与基于线性滑模面 $s=[c,1]x$ 和指数趋近律 $\dot{s}=-ks-\varepsilon\mathrm{sgn}(s)$ 的线性滑模控制器进行对比，其中取 $c=20.289,k=5,\varepsilon=1$。仿真结果如图 4-15 至图 4-18 所示。

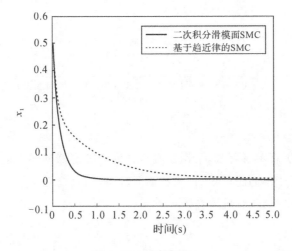

图 4-15　状态变量 x_1

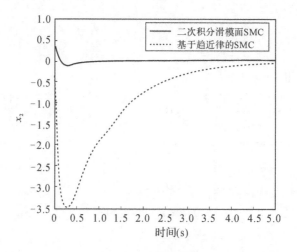

图 4-16　状态变量 x_2

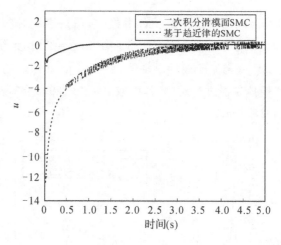

图 4-17　控制量 u

　　通过分析仿真图形可知,采用二次积分滑模控制器的系统能够在更快的时间内稳定,具有较小的超调量,控制量不但较小,而且能够抑制抖动,较为平滑,可提升系统品质,延长系统寿命。

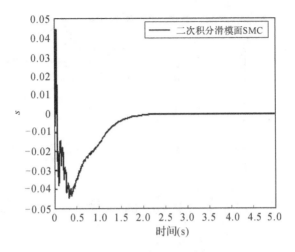

图 4-18　滑模切换函数

当考虑到系统所受扰动 $f \neq 0$ 时,添加外干扰量 $f = \begin{bmatrix} 0.05\sin t \\ 0.05\sin t \end{bmatrix}$,其他参数保持不变,得到仿真结果如图 4-19 至图 4-21 所示。

根据仿真结果,可明显看出在二次积分滑模控制器的作用下,发动机系统具有较强的鲁棒性,系统以及控制量仍能保持较平稳的状态。

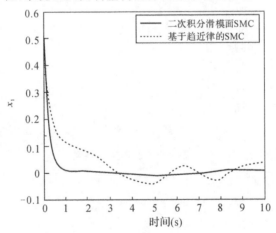

图 4-19　有干扰时的状态变量 x_1

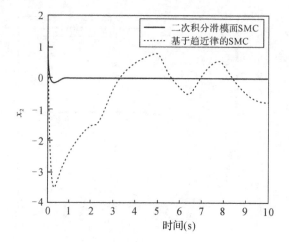

图 4-20   有干扰时的状态变量 x_2

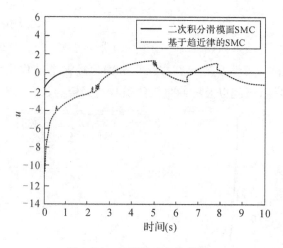

图 4-21   有干扰时的控制量 u

4.4　本章小结

在本章中,我们主要探讨了基于常规积分滑模面和二次积分滑模面的航空发动机滑模控制器设计方法,给出了设计过程和仿真结果。常规积分滑模与线性滑模的主要区别就是多了一个积分项,积分滑模控制可以从一定程度上抑制抖振并减少稳态误差。从航空发动机面临的不确定性问题出发,设计的二次积分滑模控制器,能够使得系统迅速稳定,具有较小的超调量,且有较强的鲁棒性。

第5章 基于高阶滑模面的
航空发动机滑模控制

5.1 引 言

滑模控制面临的一个重要问题是抖振。在传统滑模控制中,不连续的控制量显式地出现在滑模变量的一阶导数中。由于未建模动态和非理想的切换,导致传统滑模存在抖振这一弊端。对于大多数的实际系统而言,高频抖振是有害的。虽然可以通过采用连续近似化方法(如引入边界层)等抑制抖振,然而这种方法会产生稳态误差,以降低滑模控制的性能为代价,通常去抖效果越好,相应地对滑模控制内在的鲁棒性的损伤也就越大。

为了消除传统滑模的抖振,但仍保持其原有优点,并解决传统滑模只能应用于相对阶为1的系统这些问题,Levant[78]提出了高阶滑模的概念,既保持了传统滑模鲁棒性强的特点,又抑制了抖振,并且提高了控制精度。在高阶滑模方面,在 Levant 提出了高阶滑模的概念后,Bartolini 等基于双积分系统的时间最优控制推导出了 Sub-Optimal(次优)算法。Levant 后来又提出了准连续高阶滑模控制算法,这种算法在滑动集外,在每个点均是连续的,有效地抑制了暂态过程中的抖振。

文[78]中系统地给出了几种二阶滑模控制算法,对控制精度给予了估计。文[79]针对单输入单输出系统设计了可以保证有限时间收敛的任意阶滑模控制器。文[80]实现了基于高阶滑模的输出反馈控制设计。针对不确定仿射非线性系统,通过与积分滑模相结合,文[81]设计了一种收敛时间可以提前选定的易于实施的高阶滑模控制器。在高阶滑模控制方法中,二阶滑模控制目前应用最为广泛[78,82-92],因为二阶滑模控制器结构相对简单,所需要的信息也相对不多。文[82]详细讨论了基于二阶滑模的抖振消除问题,文[83]综述了二阶滑模控制在机械系统中的应用,文[84]给出了二阶滑模设计的基本原则。二阶滑模控制算法主要有 Twisting(螺旋)算法、Sub-Optimal(次优)算法、Prescribed Convergence Law(给定收敛律)算法和 Super-Twisting(超螺旋)算法等。这些算法都保证了系统状态在有限时间内收敛到滑动集,其中 Twisting 算法是最早提出的一种二阶滑模算法[78];Sub-Optimal 算法是 Bartolini 等基于双积分系统的时间最优控制推导出来的[82];Prescribed Convergence Law 算法与终端滑模(Terminal Sliding Mode,TSM)控制方法很相似,本质上是一种关于非线性滑模面的一阶滑模[18,19];Super-Twisting 算法可以通过连续控制实现滑模有限时间到达,且不需要滑模变量的导数信息[86,87]。这些二阶滑模控制算法克服了传统滑模的缺陷,在实际工程中的应用也日益增加。但是,二阶滑模控制算法依然存在一些需要进一步解决的问题,如:稳定性证明相比于传统滑模更为困难,控制律的参数难以确定,一般要求已知不确定性的界,等等。文[78]和[82]均利用了相平面中的系统轨迹的几何特性来确定二阶滑模控制参数取值区间和证明系统的稳定性,然而这种方法不能估计收敛时间,并且难以推广到多维系统。针对相对阶为二的系统,考虑存在小采样周期和测量误差,通过复杂的计算,文[88]给出了非奇异终端滑模 TSM 和基于 Prescribed Convergence Law 的二阶滑模的渐近精度,说明了它们的实际等效性。文[89,90]基于 Zubov 方法和特征方法,通过求解一阶偏微分方程,构造性地给出了保证 Twisting 算法和 Super-Twisting 算法有限时间收敛的全局李雅普诺夫函数,但计算过程烦琐,给出的李雅普诺夫函数形式较为复杂。针对具有未知常数高增益的非线性系统,文[91]在改进 Sub-Optimal 算法的基础上,实现了有限时间收敛,但控制器参数选择需要满足复杂的条件。少数文献中提及了一些其他的二阶滑模控制算法,例如,文[92]提出了一种切换二阶滑模控制策略,但是仅仅针对下三角形式的非线性系统,并且要求不确定性的界已知。

本章将在介绍高阶滑模基本原理的基础上,继续以航空发动机为对象,分别设计基于二阶滑模面和高阶滑模面的滑模控制器,并对两种控制器给予对比分析。

5.2 高阶滑模控制方法简介

5.2.1 高阶滑模的定义

这里首先介绍滑动阶的概念,滑动阶 r 是指滑模切换函数 s 的连续全导数(包括零阶)在滑模面 $s=0$ 上为 0 的数量。关于滑模面 $s=0$ 的 r 阶滑动集合为

$$s=\dot{s}=\ddot{s}=\cdots=s^{(r-1)}=0 \tag{5-1}$$

若该集合是非空的,且由 Filippov 轨迹组成,那么称集合(5-1)的运动存在 r 阶滑动模态,即为关于滑模面 $s=0$ 的 r 阶滑模。

5.2.2 二阶滑模控制

二阶滑模是目前应用最为广泛的高阶滑模控制方法,其结构较为简单且所需信息不多。

考虑下式所示系统:

$$\dot{x}=Ax+Bu,s=s(x)$$

其中,$x\in\mathbf{R}^n$ 为系统状态量,$u\in\mathbf{R}$ 为控制输入,取 $s(x)=0$ 为滑模面,则控制目标为使系统在有限时间内到达滑模面,且具有二阶滑动模态,即符合:

$$s(x)=\dot{s}(x)=0$$

其二阶滑动模态如图 5-1 所示[93]。

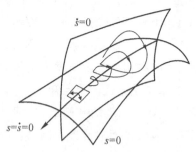

图 5-1　二阶滑模相轨迹

目前二阶滑模常见的算法有 Twisting（螺旋）算法、Sub-Optimal（次优）算法、Prescribed Convergence Law（给定收敛律）算法和 Super-Twisting（超螺旋）算法，本章中采用 Super-Twisting（超螺旋）算法，其形式如下：

$$\begin{cases} u = -\lambda |s|^{\frac{1}{2}} \text{sgn}(s) + u_1 \\ \dot{u}_1 = -\alpha \text{sgn}(s) \end{cases} \tag{5-2}$$

5.2.3　任意阶滑模控制

Levant 提出了任意阶滑模控制算法，算法结构如下：

设 p 为正常数，$p \geqslant r$，有

$$N_{1,r} = |s|^{(r-1)/r}$$
$$N_{i,r} = (|s|^{p/r} + |\dot{s}|^{p/(r-1)} + \cdots + |s^{(i-1)}|^{p/(r-i+1)})^{(r-i)/p}$$
$$N_{r-1,r} = (|s|^{p/r} + |\dot{s}|^{p/(r-1)} + \cdots + |s^{(r-2)}|^{p/2})^{1/p}$$
$$i = 1, \cdots, r-1 \tag{5-3}$$
$$\phi_{0,r} = s$$
$$\phi_{1,r} = \dot{s} + \beta_1 N_{1,r} \text{sgn}(s)$$
$$\phi_{i,r} = s^{(i)} + \beta_i N_{i,r} \text{sgn}(\phi_{i-1,r}), i = 1, \cdots, r-1$$

其中，$\beta_1, \cdots, \beta_{r-1}$ 为正数。

若系统关于 s 的相对阶为 r，当参数 $\beta_1, \cdots, \beta_{r-1}, \alpha$ 取适当正值时，控制律

$$u = -\alpha \text{sgn}(\phi_{r-1,r}(s, \dot{s}, \cdots, s^{(r-1)})) \tag{5-4}$$

保证 r 阶滑模在有限时间内收敛。

5.2.4　鲁棒精确微分器

由于在二阶以及高阶滑模的设计中，需要对切换函数 s 的倒数项进行实时的观测，然而实时微分是比较困难的。Levant 基于 Super-Twisting 算法提出了一阶鲁棒微分器，其基本思想就是通过建立辅助方程 $\dot{x} = u$，使 $x(t)$ 对 $f(t)$ 进行高精度跟踪，通过使用二阶滑模在有限时间内使 $s = x(t) - f(t) = 0$，$\dot{s} = u - \dot{f}(t) = 0$ 恒成立。

5.3　基于二阶滑模面的航空发动机控制器

5.3.1　航空发动机二阶滑模控制器设计

在本节中主要利用 Super-Twisting(超螺旋)算法进行二阶滑模控制器的设计,这种算法的最大优势就是所需信息少,只需要切换函数 s 的信息,而不需要其导数的信息。

仍然使用 4.2.2 节中线性变换后的发动机模型(4-8),具体数据如下:

$$\dot{x}=Ax+Bu+f$$
$$y=Cx$$

$$A=\begin{bmatrix} 0 & 1 \\ -29.3691 & -10.8613 \end{bmatrix}, B=\begin{bmatrix} 0 \\ 1 \end{bmatrix}, C=\begin{bmatrix} 8.0508 & 1.5848 \\ 19.0986 & 3.4271 \end{bmatrix}$$

取切换函数 $s=Ce+\dot{e}, \dot{s}=C\dot{e}+\ddot{e}$,其中,$e=x_1-x_d$,由于 $\frac{\partial s}{\partial u}=0, \frac{\partial \dot{s}}{\partial u}=1\neq 0$,则其相对阶为 1。

Super-Twisting(超螺旋)算法形式如下:

$$\begin{cases} u=-\lambda |s|^{\frac{1}{2}}\mathrm{sgn}(s)+u_1 \\ \dot{u}_1=-\alpha\mathrm{sgn}(s) \end{cases}$$

其中,λ、α 的数值由参数整定而来。

通过以上几式即可构造二阶滑模控制器。现在我们来设计鲁棒微分器,微分器的输入是需要微分的函数 $F(t)$,输出是其导数 $\dot{F}(t)$,建立辅助方程:

$$\dot{x}=u, e=x-F(t), s=e$$

再利用 Super-Twisting(超螺旋)算法即可构造鲁棒微分器。

5.3.2　仿真验证

Matlab/Simulink 中二阶滑模控制程序结构如图 5-2 所示。

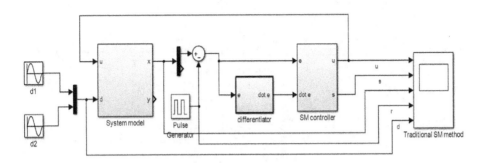

图 5-2　二阶滑模控制程序

控制器内部结构如图 5-3 所示。

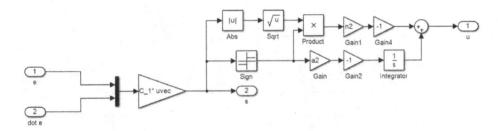

图 5-3　二阶滑模控制器内部结构

鲁棒微分器内部结构如图 5-4 和图 5-5 所示。

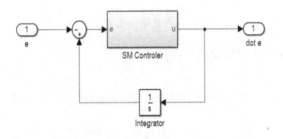

图 5-4　鲁棒微分器内部结构

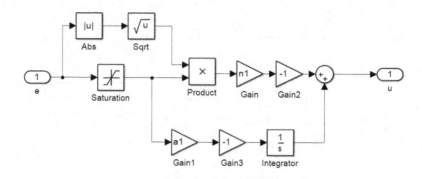

图 5-5　鲁棒微分器内控制器结构

（1）微分器性能测试

取 $F(t)=\sin t$ 测试微分器的性能，仿真结果如图 5-6 所示。

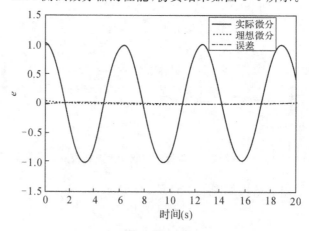

图 5-6　鲁棒微分器测试曲线

由图 5-6 可见鲁棒微分器工作性能良好。

（2）无干扰情况

现在使用 Super-Twisting（超螺旋）算法进行数据仿真，取 $\lambda=10,\alpha=40$，$f=\begin{bmatrix}0\\0\end{bmatrix}$，$r$ 仍取上一章所用方波信号，仿真结果如图 5-7 至图 5-11 所示。

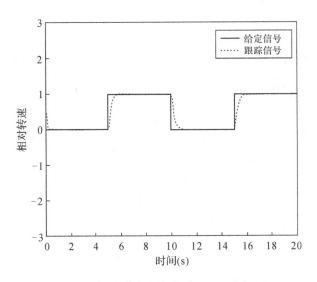

图 5-7　二阶滑模燃气涡轮转速跟踪(无干扰)

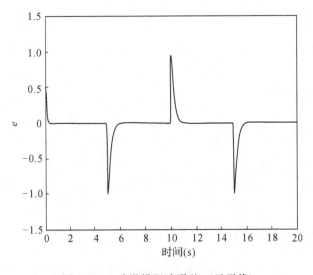

图 5-8　二阶滑模跟踪误差 e(无干扰)

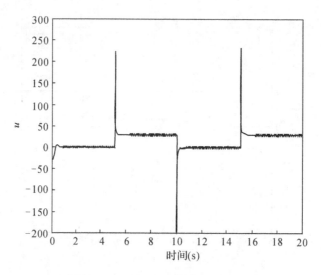

图 5-9　二阶滑模控制量 u（无干扰）

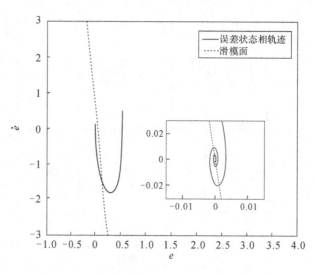

图 5-10　二阶滑模燃气涡轮相对转速误差相轨迹

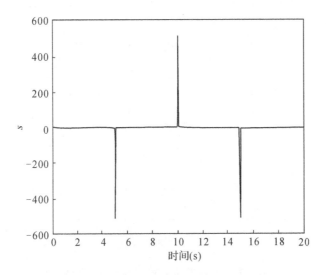

图 5-11　二阶滑模切换函数 s（无干扰）

　　仿真结果分析：由仿真结果可以看出，燃气涡轮转速完成了对给定信号的跟踪，反应时间很短，十分迅速，相比积分滑模来说没有超调量，且几乎不存在稳态误差，控制性能良好。

　　下面以表格形式对比二阶滑模和积分滑模的控制品质，如表 5-1 所示。

表 5-1　两种滑模设计方法跟踪控制品质对比

滑模形式	稳定时间/s	超调量	误差平方和	控制能量总和
积分滑模	2.5	0.2	0.6537	1.0187e+04
二阶滑模	1	0	0.5578	9.5119e+03

　　（3）有参数摄动情况

　　现在我们考虑有参数摄动的情况，即发动机数学模型中 $A' = A + \Delta A$，$B' = B + \Delta B$，$C' = C + \Delta C$，取 $\Delta A = 0.02A$，$\Delta B = 0.01B$，$\Delta C = 0.015C$，其他参数不变，仿真结果如图 5-12 至图 5-14 所示。

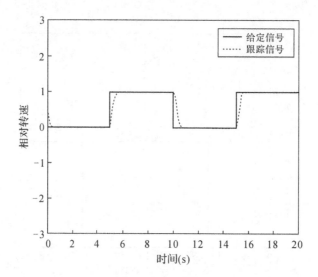

图 5-12   二阶滑模燃气涡轮转速跟踪(有参数摄动)

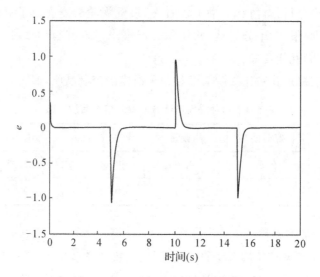

图 5-13   二阶滑模跟踪误差 e(有参数摄动)

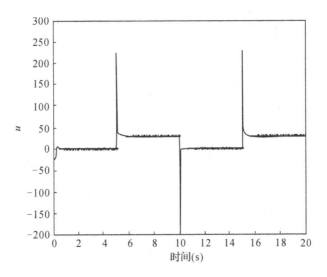

图 5-14　二阶滑模控制量 u（有参数摄动）

可以看出,参数摄动对仿真结果几乎没有影响,二阶滑模对参数摄动抵抗性很好。

（4）有外干扰情况

下面对二阶滑模的抗干扰能力进行测试,其他参数不变,取 $f = \begin{bmatrix} 0.05\sin t \\ 0.05\sin t \end{bmatrix}$ 进行仿真,结果如图 5-15 至图 5-17 所示。

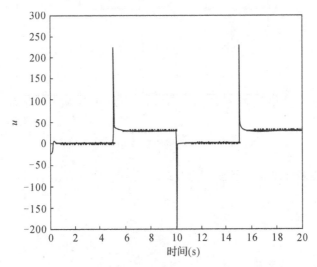

图 5-15　二阶滑模燃气涡轮转速跟踪（有外干扰）

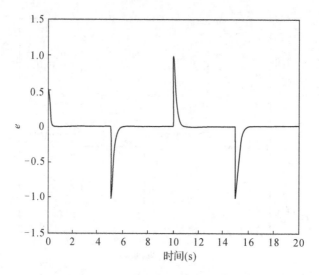

图 5-16　二阶滑模跟踪误差 e(有外干扰)

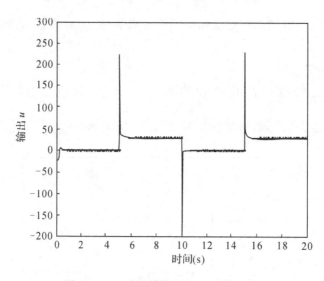

图 5-17　二阶滑模控制量 u(有外干扰)

　　由仿真结果可以看出所加干扰对跟踪效果几乎没有影响,该控制器对干扰的鲁棒性较强。

5.4　基于任意阶滑模面的航空发动机控制器

5.4.1　航空发动机任意阶滑模控制器设计

本章 5.2.3 节介绍了任意阶滑模的控制算法(5-3)，在本小节中仍取与之前相同的发动机模型，取 $s = e + k \int e \mathrm{d}t, e = x_1 - x_d$，则有

$$\dot{s} = \dot{e} + ke = \dot{x}_1 - \dot{x}_d + k(x_1 - x_d)$$
$$= x_2 - \dot{x}_d + k(x_1 - x_d)$$
$$\ddot{s} = \ddot{e} + k\dot{e} = \dot{x}_2 - \ddot{x}_d + k(\dot{x}_1 - \dot{x}_d)$$
$$= a_{21}x_1 + a_{22}x_2 + u - \ddot{x}_d + k(x_2 - \dot{x}_d)$$

所以 $\dfrac{\partial s}{\partial u} = 0, \dfrac{\partial \dot{s}}{\partial u} = 0, \dfrac{\partial \ddot{s}}{\partial u} = 1 \neq 0$，相对阶 $r = 2$。

根据式(5-3)，$r = 2$ 时，有

$$N_{1,2} = |s|^{1/2}$$

$$\phi_{0,2} = s$$

$$\phi_{1,2} = \dot{s} + \beta_1 N_{1,2} \mathrm{sgn}(s)$$

又由式(5-4)可得控制量

$$u = -\alpha \mathrm{sgn}(\phi_{r-1,r}(s, \dot{s}, \cdots, s^{(r-1)}))$$
$$= -\alpha \mathrm{sgn}(\dot{s} + \beta_1 N_{1,2} \mathrm{sgn}(s))$$
$$= -\alpha \mathrm{sgn}(\dot{s} + \beta_1 |s|^{1/2} \mathrm{sgn}(s))$$

为了抑制抖振，使用饱和函数替换符号函数，可得

$$u = -\alpha \mathrm{sat}(\dot{s} + \beta_1 |s|^{1/2} \mathrm{sgn}(s))$$

其中，α、β_1 由参数整定而来。

5.4.2　仿真验证

Matlab/Simulink 中任意阶滑模控制程序结构如图 5-18 所示。

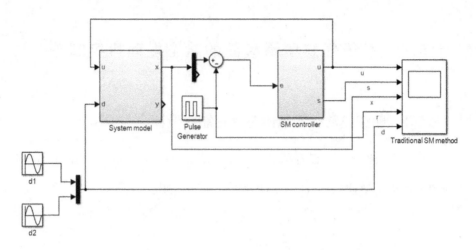

图 5-18 任意阶滑模控制结构

控制器内部结构如图 5-19 所示。

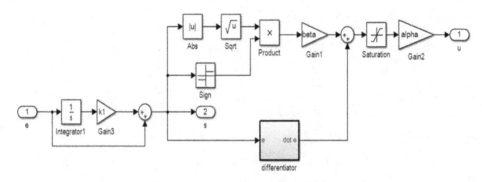

图 5-19 任意阶滑模控制器内部结构

（1）无干扰情况

现在取 $\alpha=80, \beta_1=0.2, k=30, f=\begin{bmatrix}0\\0\end{bmatrix}$，给定信号 r 仍取相同方波，仿真结果如图 5-20 至图 5-25 所示。

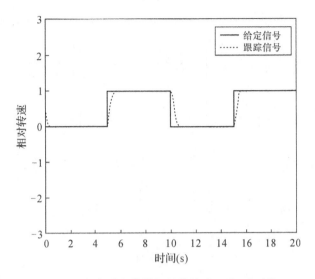

图 5-20　任意阶滑模燃气涡轮转速跟踪(无干扰)

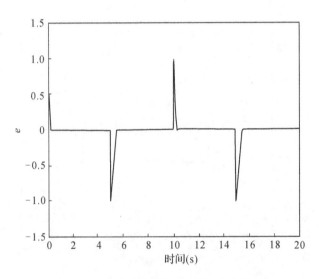

图 5-21　任意阶滑模跟踪误差 e(无干扰)

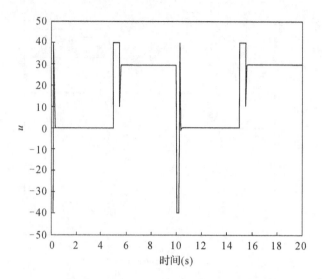

图 5-22　任意阶滑模控制量 u（无干扰）

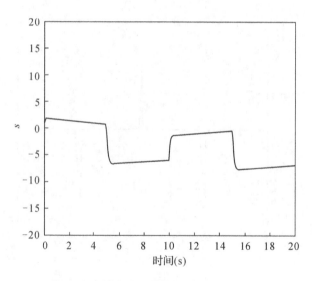

图 5-23　任意阶滑模切换函数 s（无干扰）

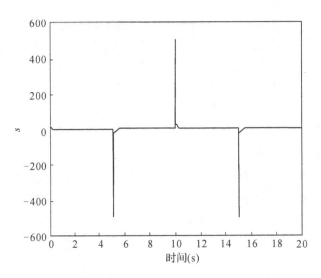

图 5-24　任意阶滑模切换函数 s 导数(无干扰)

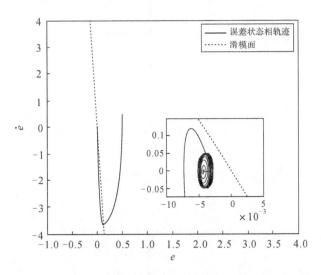

图 5-25　任意阶滑模跟踪误差相轨迹(无干扰)

仿真结果分析:由仿真结果图可以看出,燃气涡轮转速完成了对给定信号的跟踪,反应时间很短,十分迅速,且几乎不存在稳态误差,控制性能良好,切换函数 s 由于积分项随时间累计的原因收敛到零有误差,但其一阶导数收敛到零的情况良好。

下面以表格形式将积分滑模、二阶滑模和任意阶滑模控制品质进行对比,如表 5-2 所示。

表 5-2   三种滑模设计方法跟踪品质对比

滑模形式	稳定时间/s	超调量	误差平方和	控制能量总和
积分滑模	2.5	0.2	0.6537	1.0187e+04
二阶滑模	1	0	0.5578	9.5119e+03
任意阶滑模	0.5	0	0.4913	1.0088e+04

（2）有参数摄动情况

现在我们考虑有参数摄动的情况，即发动机数学模型中 $A' = A + \Delta A, B' = B + \Delta B, C' = C + \Delta C$，取 $\Delta A = 0.02A, \Delta B = 0.01B, \Delta C = 0.015C$，其他参数不变，仿真结果如图 5-26 至图 5-28 所示。

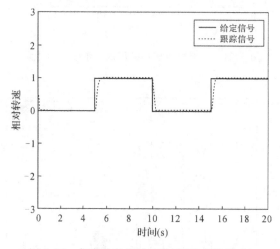

图 5-26   任意阶滑模转速跟踪（有参数摄动）

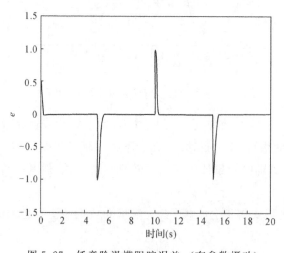

图 5-27   任意阶滑模跟踪误差 e（有参数摄动）

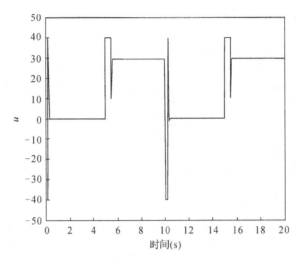

图 5-28　任意阶滑模控制量 u（有参数摄动）

由以上结果可以看出,参数摄动对跟踪结果几乎没有影响,任意阶滑模对参数摄动抵抗性很好。

（3）有外干扰情况

下面对任意阶滑模的抗干扰性进行测试,其他参数不变,取 $\bar{f} = \begin{bmatrix} 0.05\sin t \\ 0.05\sin t \end{bmatrix}$ 进行仿真,结果如图 5-29 至图 5-31 所示。

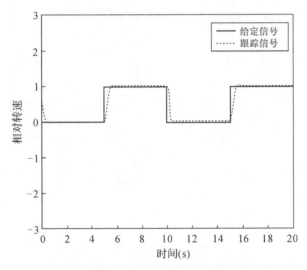

图 5-29　任意阶滑模转速跟踪（有外干扰）

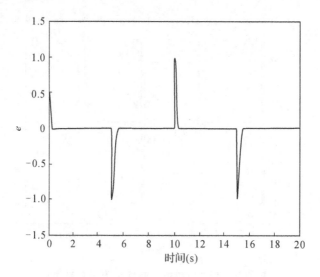

图 5-30   任意阶滑模跟踪误差 e（有外干扰）

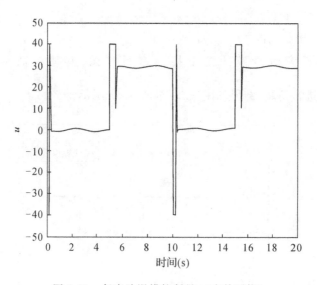

图 5-31   任意阶滑模控制量 u（有外干扰）

由仿真结果可以看出干扰量对转速的跟踪基本没有影响,没有因为引入正弦干扰而产生波动,对干扰的鲁棒性较强。

5.5　二阶滑模控制与任意阶滑模控制对比分析

二阶滑模可以用于相对阶为 1 或 2 的系统,而任意阶滑模理论上可以用于任何相对阶数的系统。二阶滑模是现在应用最为广泛的高阶滑模控制方法,而任意阶滑模现阶段应用较少,这与相对阶较高的系统较少有关。从表 5-2 可以看出,对于同一发动机模型,二阶滑模稳定时间较长但是控制能量消耗较少,任意阶滑模反之。

为了验证二阶滑模与任意阶滑模收敛的螺旋性,以二阶滑模为例,分别取燃气涡轮转速跟踪状态误差 e,其导数 $\dot{e}$ 和其二阶导数 $\ddot{e}$ 为坐标,画出三维误差相轨迹,如图 5-32 所示。

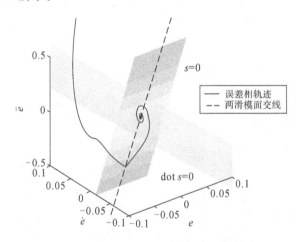

图 5-32　二阶滑模误差相轨迹三维图

将图 5-32 与图 5-10、图 5-25 结合分析可知二阶滑模与任意阶滑模均是在原点附近呈螺旋状收敛,这与图 5-1 相符。

5.6　本章小结

　　本章基于二阶及任意阶滑模分别设计了二阶滑模控制器和任意阶滑模控制器,并使用发动机模型进行了仿真,从结果可以看出二阶及任意阶滑模控制器相比线性和积分滑模在控制品质上有了很大的提高,稳定时间减少,超调量减少,稳态误差几乎为零,并且延续了滑模控制对干扰和参数摄动的强鲁棒性。最后对二阶滑模与任意阶滑模进行了对比,且验证了其收敛的螺旋性。

第6章 基于终端滑模面的航空发动机滑模控制

6.1 引 言

在前面几章中我们介绍了滑模控制的线性滑模控制、积分滑模控制、二阶滑模控制以及任意阶滑模控制,这几种方法都具有传统滑模的对外界干扰不敏感的强鲁棒性,但是也有一个共同的特点,就是系统的状态在平衡点附近是渐进收敛的,不能在有限时间内收敛。在终端滑模方面,有学者提出了终端滑模的滑模设计方法,并且进行了有关研究,采用非线性滑模面,证明了系统状态可以在有限的时间内收敛到零[94,95],其中余星火[96]等提出了非奇异终端滑模设计方法,解决了终端滑模的奇异问题。

终端滑模的一般形式如下:

$$s = \dot{x}_1 + \beta x^{q/p} = 0 \tag{6-1}$$

式中,$x_1 \in \mathbf{R}, \beta > 0$ 为常数,p、q 为正奇数且 $2q > p > q$。这种形式的终端滑模相比普通的滑模控制有更高的控制精度,且鲁棒性更强,但是可能在某个区域内发生控制量无穷大的情况,即会发生奇异现象,这是普通终端滑模的一个显著的缺点。

文献[96]提出了一种改进的非奇异的终端滑模设计方法,并且给出了有限时间收敛的证明以及稳态分析。这种改进的终端滑模的形式如下:

$$s = x_1 + \frac{1}{\beta} \dot{x}_1^{p/q} \tag{6-2}$$

式中，$1<p/q<2$。在本章中，我们将使用这种非奇异终端滑模设计方法对发动机模型进行滑模控制器设计。

6.2　非奇异终端滑模控制器

6.2.1　航空发动机非奇异滑模控制器设计

仍然使用 4.2.2 节中线性变换后的发动机模型(4-8)，具体数据如下：

$$\dot{x}=Ax+Bu+f$$
$$y=Cx$$

$$A=\begin{bmatrix} 0 & 1 \\ -29.3691 & -10.8613 \end{bmatrix}, B=\begin{bmatrix} 0 \\ 1 \end{bmatrix}, C=\begin{bmatrix} 8.0508 & 1.5848 \\ 19.0986 & 3.4271 \end{bmatrix}$$

取 $e=x_1-x_d$，那么 $\dot{e}=\dot{x}_1-\dot{x}_d=x_2-\dot{x}_d$，使用改进的非奇异终端滑模方法，有

$$s=e+\frac{1}{\beta}\dot{e}^{p/q}$$

控制输出 u 设计为

$$u=u_{eq}-k\mathrm{sgn}(s)$$

又由

$$\dot{s}=\dot{e}+\frac{1}{\beta}\frac{p}{q}\dot{e}^{(p/q-1)}\ddot{e}=\dot{e}+\frac{1}{\beta}\frac{p}{q}\dot{e}^{(p/q-1)}(\dot{x}_2-\ddot{x}_d)$$

$$=\dot{e}+\frac{1}{\beta}\frac{p}{q}\dot{e}^{(p/q-1)}(a_{21}x_1+a_{22}x_2+u_{eq}-\ddot{x}_d)=0$$

可得 $u_{eq}=-\beta\frac{q}{p}\dot{e}^{(2-p/q)}+\ddot{x}_d-a_{21}x_1-a_{22}x_2$。

为了抑制抖振，用饱和函数替换符号函数，文献[28]中给出了饱和函数的饱和宽度 φ 和稳态跟踪精度的关系：

$$|e(t)|\big|_{t\to\infty}\leqslant\varphi$$

$$|\dot{e}(t)|\big|_{t\to\infty}\leqslant(2\beta\varphi)^{q/p}$$

6.2.2　仿真验证

Matlab/Simulink 中非奇异终端滑模控制程序结构如图 6-1 所示。

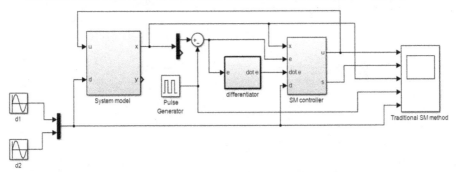

图 6-1　终端滑模控制器程序结构

控制器内部结构如图 6-2 所示。

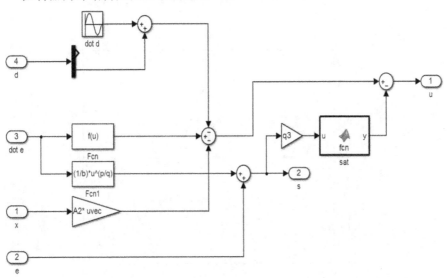

图 6-2　终端滑模控制器内部结构

（1）无干扰情况

取 $\varphi=0.05, \beta=1, q=3, p=5, f=\begin{bmatrix} 0 \\ 0 \end{bmatrix}$，$r$ 仍取第 5 章所用方波信号，仿真结果如图 6-3 至图 6-7 所示。

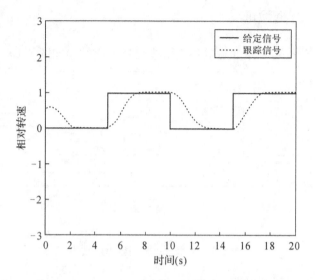

图 6-3　终端滑模燃气涡轮相对转速跟踪(无干扰)

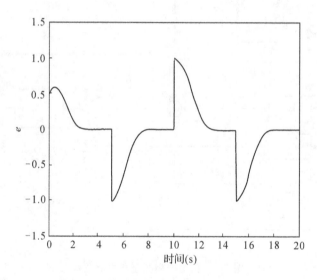

图 6-4　终端滑模跟踪误差 e(无干扰)

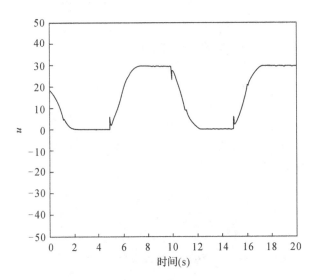

图 6-5　终端滑模控制量 u（无干扰）

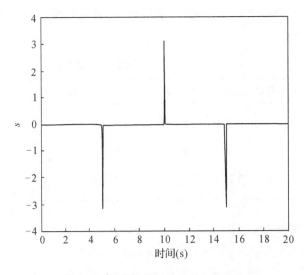

图 6-6　终端滑模切换函数 s 的变化

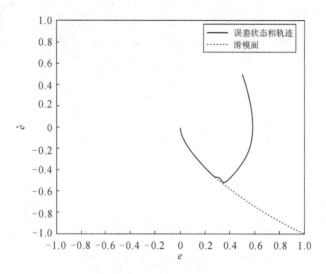

图 6-7　终端滑模燃气涡轮跟踪误差相轨迹(无干扰)

仿真结果分析:由仿真结果可以看出,燃气涡轮转速完成了对给定信号的跟踪,反应时间较短,比较迅速,且几乎不存在稳态误差,控制性能比较好。

下面以表格形式将积分滑模、二阶滑模、任意阶滑模和终端滑模控制品质进行对比,如表 6-1 所示。

表 6-1　四种滑模设计方法跟踪品质对比

滑模形式	稳定时间/s	超调量	误差平方和	控制能量总和
积分滑模	2.5	0.2	0.6537	1.0187e+04
二阶滑模	1	0	0.5578	9.5119e+03
任意阶滑模	0.5	0	0.4913	1.0088e+04
终端滑模	2.5	0	3.0987	7.2724e+03

(2) 有参数摄动情况

现在我们考虑有参数摄动的情况,即发动机数学模型中 $A'=A+\Delta A, B'=B+\Delta B, C'=C+\Delta C$,取 $\Delta A=0.02A, \Delta B=0.01B, \Delta C=0.015C$,其他参数不变,仿真结果如图 6-8 至图 6-10 所示。

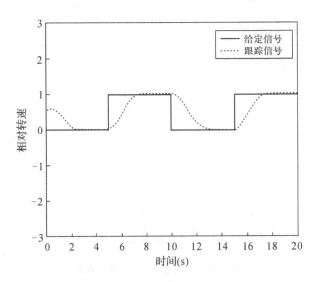

图 6-8　终端滑模燃气涡轮转速跟踪(有参数摄动)

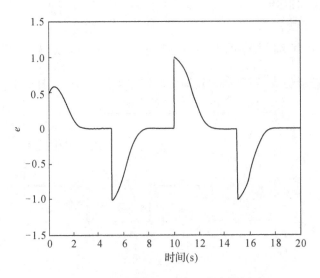

图 6-9　终端滑模跟踪误差 e(有参数摄动)

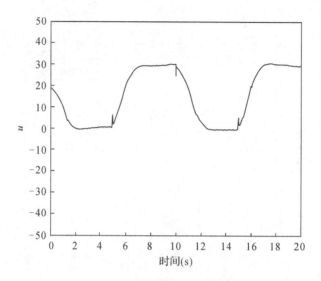

图 6-10 终端滑模控制量 u（有参数摄动）

由仿真结果可以看出，参数摄动对跟踪效果几乎没有影响，终端滑模对参数摄动的抵抗性很好。

（3）有外干扰情况

下面针对终端滑模的抗干扰性进行测试，其他参数不变，取 $f = \begin{bmatrix} 0.05\sin t \\ 0.05\sin t \end{bmatrix}$ 进行仿真，燃气涡轮转速跟踪结果如图 6-11 至图 6-13 所示。

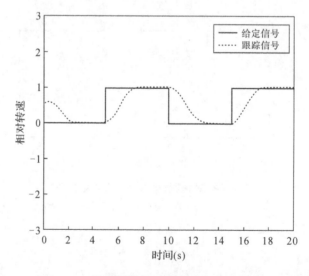

图 6-11 终端滑模相对转速跟踪（有外干扰）

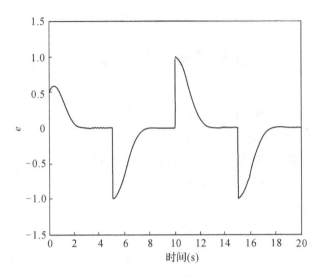

图 6-12　终端滑模跟踪误差 e（有外干扰）

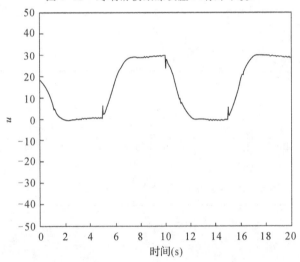

图 6-13　终端滑模控制量 u（有外干扰）

　　由结果可以看出干扰量对转速的跟踪基本没有影响，没有因为引入正弦干扰而产生波动，对干扰的鲁棒性较强。

6.3　五种滑模控制方法对比研究

　　现在将之前的五种滑模方法(线性滑模、积分滑模、二阶滑模、任意阶滑模、终端滑模)针对镇定问题(线性滑模原本就是控制镇定问题,后面四种方法跟踪前 5s 阶跃信号出现之前也为镇定问题)的控制过程进行对比。

　　五种滑模方法状态空间变量(燃气涡轮相对转速的变化)和控制量 u 对比如图 6-14 和图 6-15 所示。

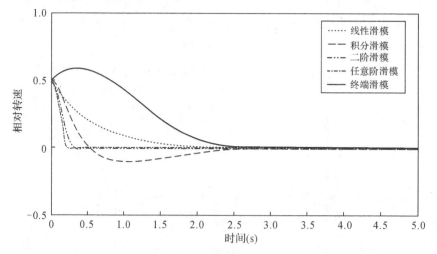

图 6-14　五种滑模方法燃气涡轮相对转速镇定对比

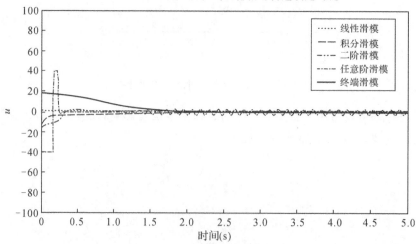

图 6-15　五种滑模方法控制量 u 对比

　　可以看出,五种滑模控制方法均可以在较短的时间内收敛到零,二阶滑模与任意阶滑模的控制效果较好,稳定时间短且没有超调量和稳态误差;在控制量 u 上由于控制方法不同则有很大差异。

　　下面将五种滑模控制方法的误差相轨迹与滑模面图做比较,五种滑模面对比如图 6-16 所示。

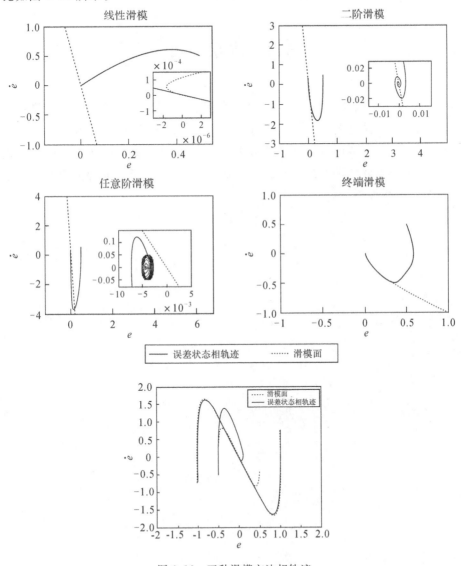

图 6-16　五种滑模方法相轨迹

由图 6-16 可以看出：积分滑模在到达后与线性滑模很相似，均呈现以线性沿滑模面收敛；二阶滑模和任意阶滑模则是在原点附近以独特的螺旋性收敛；终端滑模因为是分数阶的原因，滑模面与其他滑模明显不同，且其到达时间较短而在滑模面上运动时间较长。虽然状态相轨迹有所不同，但这五种方法均实现了状态相轨迹沿滑模面收敛到零的滑模控制特性。

6.4　本章小结

在本章中我们介绍了非奇异的终端滑模方法，并且针对发动机模型进行了仿真分析，非奇异终端滑模具有在有限时间内收敛的特性，具体收敛时间与所选参数有关，而且依旧保持了滑模控制对外部干扰和参数摄动强鲁棒性的优点，应用前景十分广阔。在之前研究的基础上，本章最后对五种滑模方法做了简单的比较分析。

第7章 基于滑模观测器的航空发动机控制系统设计

7.1 引 言

在前面几章中，我们介绍了滑模控制器的几种设计方法，并且针对发动机模型进行了仿真，这都是基于模型状态变量完全可测的情况。在模型状态变量不完全可测的情况下，就需要使用观测器来获得状态变量的值。状态观测器的主要目标就是重构被观测系统的状态，即使得重构状态$\hat{x}$与被观测状态x渐进相等，在观测器达到稳态时，重构状态$\hat{x}$应与被观测状态x相等。

在本章中，我们将考虑模型状态变量不完全可测的情况，先后设计两种滑模观测器，与滑模控制器连接组成闭环控制系统。通过与基于全维状态观测器构成的闭环控制系统进行仿真对比，开展航空发动机控制系统仿真验证。

7.1.1 全维状态观测器

由于之后设计的滑模观测器要与全维状态观测器进行性能对比，在这里我们先简单介绍全维状态观测器。

考虑以下n维被观测系统：

$$\begin{cases} \dot{x} = Ax + Bu \\ y = Cx \end{cases} \tag{7-1}$$

其中，A、B、C均为实常数矩阵，那么状态观测器的目标就是将y、u作为输入，构造一个新的模型系统，使得该模型的状态变量$\hat{x}$在观测器稳定时与原系统状态变量等价。

全维状态观测器的一般形式如下：

$$\begin{cases} \dot{\hat{x}} = A\hat{x} + Bu - L(\hat{y} - y) \\ \hat{y} = C\hat{x} \end{cases} \tag{7-2}$$

其中，L 的值可以通过极点配置等方法来确定。

7.1.2 滑模状态观测器

在滑模状态观测器的设计进程中，Utkin 最早在设计观测器时采用了不连续切换项，其滑模观测器的简单形式如下：

$$\begin{cases} \dot{\hat{x}} = A\hat{x} + Bu - K \operatorname{sgn}(\hat{y} - y) \\ \hat{y} = C\hat{x} \end{cases} \tag{7-3}$$

其中，K 的值由参数整定得到。

之后 Walcott 和 Zak 采用一种基于 Lyapunov 的方法来构造带不连续项的观测器，并且给出了状态观测误差在一定情况下渐进收敛的证明。Walcott-Zak 观测器的一般形式如下：

$$\begin{cases} \dot{\hat{x}} = A\hat{x} + Bu - G(\hat{y} - y) + Bv \\ \hat{y} = C\hat{x} \end{cases} \tag{7-4}$$

其中

$$v = \begin{cases} -\rho \dfrac{F(\hat{y} - y)}{\| F(\hat{y} - y) \|}, \text{当 } F(\hat{y} - y) \neq 0 \\ 0, \text{当 } F(\hat{y} - y) = 0 \end{cases} \tag{7-5}$$

式中，F 等参数由求解条件方程得到。

7.2 基于 Utkin 滑模观测器的航空发动机滑模控制系统设计

7.2.1 Utkin 滑模观测器设计

仍然使用 4.2.2 节中线性变换后的发动机模型(4-8)，具体数据如下：

$$\dot{x}=Ax+Bu+f$$

$$y=Cx$$

$$A=\begin{bmatrix}0 & 1\\-29.3691 & -10.8613\end{bmatrix},B=\begin{bmatrix}0\\1\end{bmatrix},C=\begin{bmatrix}8.0508 & 1.5848\\19.0986 & 3.4271\end{bmatrix}$$

由之前小节介绍可知设计 Utkin 滑模观测器形式时，为了抑制抖振，使用饱和函数替换符号函数，则观测器形式如下：

$$\begin{cases}\dot{\hat{x}}=A\hat{x}+Bu-K\text{sat}(\hat{y}-y)\\\hat{y}=C\hat{x}\end{cases}\tag{7-6}$$

其中，$K=\text{diag}\{k_1,k_2\}$，其值由参数整定而来。

7.2.2　带 Utkin 滑模观测器的滑模控制系统设计

现在以二阶滑模为例，将滑模观测器与二阶滑模控制器组成滑模闭环控制系统，闭环系统的结构如图 7-1 所示。

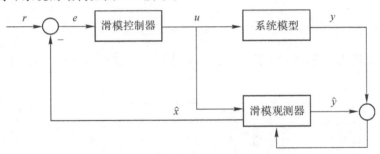

图 7-1　闭环滑模控制系统结构

系统模型状态方程为

$$\dot{x}=Ax+Bu+f$$

$$y=Cx$$

观测器状态方程为

$$\dot{\hat{x}}=A\hat{x}+Bu-K\text{sat}(\hat{y}-y)$$

$$\hat{y}=C\hat{x}$$

由之前第 5 章二阶滑模控制器相关内容可知控制器输出为

$$\begin{cases}u=-\lambda|s|^{\frac{1}{2}}\text{sgn}(s)+u_1\\\dot{u}_1=-\alpha\text{sgn}(s)\end{cases}$$

其中，$s=ce+\dot{e},e=x_d-\hat{x}$。

7.2.3　仿真验证

在本节中取之前第 5 章中的二阶滑模控制器作为滑模观测器闭环仿真测试的被测系统。由式(7-6)在 Matlab/Simulink 中搭建滑模观测器的结构,如图 7-2 所示。

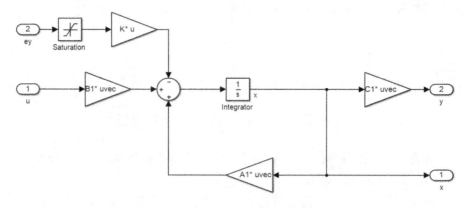

图 7-2　Utkin 滑模观测器结构

将滑模观测器与二阶滑模控制器相连即可组成闭环控制系统,其结构如图 7-3 所示。

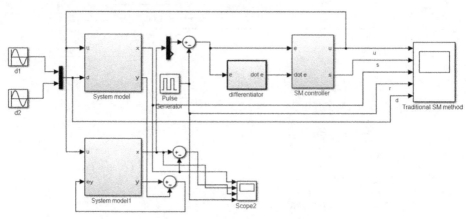

图 7-3　滑模控制闭环系统结构

二阶滑模控制器参数不变,给定信号 r 取相同方波信号,滑模观测器参数 K 经过参数整定取 $K = \mathrm{diag}\{20, 0.5\}$,滑模观测器初始值 $\hat{x}_0 = [0, 0]^{\mathrm{T}}$。

在滑模观测器未接入闭环系统,只有观测作用,未将重构状态变量值反馈到控制器时,测试结果如图 7-4 至图 7-6 所示。

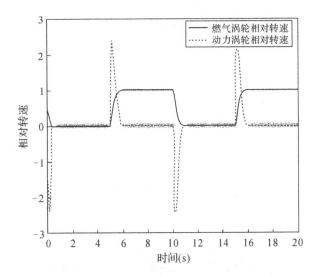

图 7-4　Utkin 滑模观测器原模型状态变量

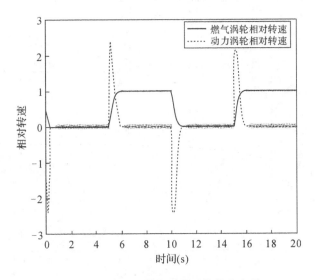

图 7-5　Utkin 滑模观测器重构状态变量

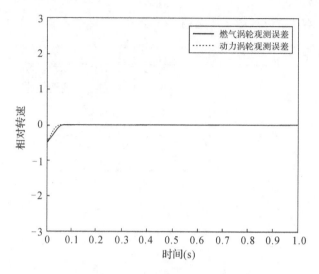

图 7-6 Utkin 滑模观测器观测误差

由以上结果可知,观测器有效,且在很短的时间内就到达了稳定,实现了状态变量的重构。

为了做比较,以同样的参数测试全维状态观测器,其观测误差仿真结果如图 7-7 所示。

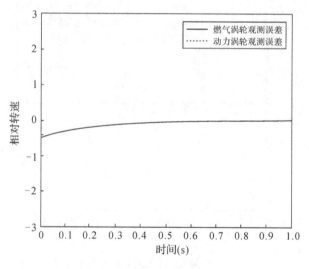

图 7-7 全维观测器观测误差

比较图 7-6 和图 7-7 可以看出滑模观测器的稳定时间很短,反应十分迅速,性能优于全维状态观测器。

下面将观测器的输出,即重构的状态变量作为滑模控制器的输入量,即将两者组成闭环控制系统,其他参数均不变,无干扰量,仿真结果如图 7-8 所示。

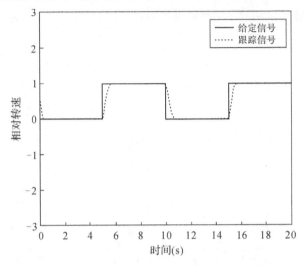

图 7-8　带 Utkin 滑模观测器的闭环系统相对转速跟踪(无干扰)

将图 7-8 与图 7-7 对比可知,闭环系统实现了对被测系统的跟踪控制。

现在添加干扰量 $f = \begin{bmatrix} 0.05\sin t \\ 0.05\sin t \end{bmatrix}$,仿真结果如图 7-9 所示。

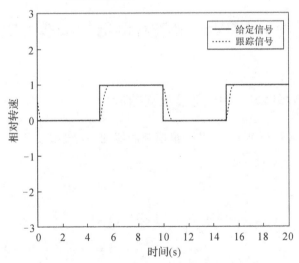

图 7-9　带 Utkin 滑模观测器的闭环系统相对转速跟踪(有外干扰)

由仿真结果可知闭环系统对干扰有较强的鲁棒性,可以抵抗正弦波动的干扰。

添加参数摄动，$A'=A+\Delta A, B'=B+\Delta B, C'=C+\Delta C$，取 $\Delta A=0.02A$，$\Delta B=0.01B, \Delta C=0.015C$，其他参数不变，仿真结果如图 7-10 所示。

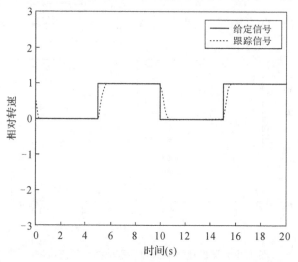

图 7-10　带 Utkin 滑模观测器的闭环系统相对转速跟踪（有参数摄动）

由仿真结果可知闭环系统对参数摄动也有很强的抵抗性。

7.3　基于 Walcott-Zak 滑模观测器的滑模控制系统设计

7.3.1　Walcott-Zak 滑模观测器设计

由之前介绍可知 Walcott-Zak 滑模观测器的一般形式如下：

$$\begin{cases} \dot{\hat{x}}=A\hat{x}+Bu-G(\hat{y}-y)+Bv \\ \hat{y}=C\hat{x} \end{cases}$$

$$v=\begin{cases} -\rho\dfrac{F(\hat{y}-y)}{\lVert F(\hat{y}-y)\rVert}, & F(\hat{y}-y)\neq 0 \\ 0, & F(\hat{y}-y)=0 \end{cases} \tag{7-7}$$

上述形式基于以下假设：$A_0=A-GC$ 存在一个 Lyapunov 矩阵对 $[P\quad Q]$，使得对于某一矩阵 F 有

$$A_0^{\mathrm{T}}P+PA_0=-Q$$

$$C^{\mathrm{T}}F^{\mathrm{T}}=PB$$

使用此方法设计滑模观测器的关键就是求出增益矩阵 G 及系数矩阵 F，求解思路如下：

（1）对 A_0 进行极点配置，计算增益矩阵 G；

（2）根据 $C^{\mathrm{T}}F^{\mathrm{T}}=PB$，使用 F 的元素表示 P，而 P 要保证对称正定；

（3）根据 $A_0^{\mathrm{T}}P+PA_0=-Q$，使用 P 及 F 的元素表示 Q；

（4）根据 Q 的对称正定，确定 F 的取值，进而确定 P 和 Q。

按照上述求解思路，使用相同发动机模型，计算得

$$G=\begin{bmatrix} -41.3461 & 17.9526 \\ -46.2983 & 18.2405 \end{bmatrix}, F=\begin{bmatrix} 2.35 \\ -1 \end{bmatrix} \tag{7-8}$$

7.3.2　带 Walcott-Zak 滑模观测器的线性滑模控制系统设计

与 7.2.2 节相同，将 Walcott-Zak 滑模观测器与二阶滑模控制器相连可以组成闭环滑模控制系统，系统结构与带 Utikin 滑模观测器的闭环滑模控制系统一样（见图 7-1），唯一区别就是滑模观测器状态方程不同，Walcott-Zak 滑模观测器的状态方程如式（7-7）所示。

7.3.3　航空发动机控制仿真验证

仍旧取之前第 5 章中的二阶滑模控制器作为滑模观测器闭环仿真测试的被测系统。由式（7-7）在 Matlab/Simulink 中搭建滑模控制器的结构如图 7-11 所示。

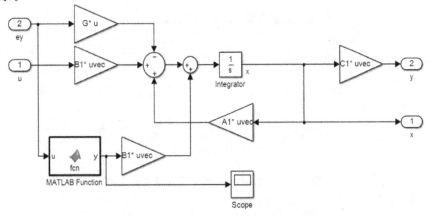

图 7-11　Walcott-Zak 滑模观测器结构

二阶滑模控制器参数不变,给定信号 r 取相同方波信号,滑模观测器参数数值由(7-8)给出。

在滑模观测器未接入闭环系统,只有观测作用,未将重构状态变量值反馈到控制器时,测试结果如图 7-12 至图 7-14 所示。

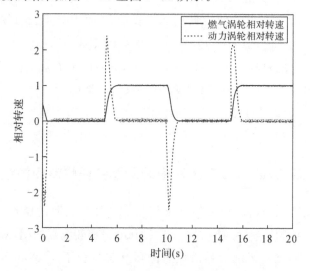

图 7-12   Walcott-Zak 滑模观测器原模型状态变量

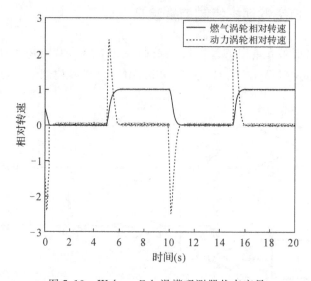

图 7-13   Walcott-Zak 滑模观测器状态变量

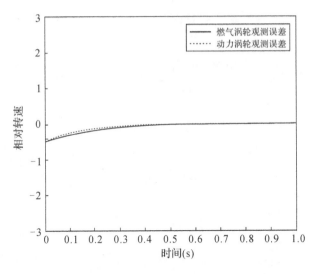

图 7-14　Walcott-Zak 滑模观测器观测误差

　　将图 7-12 至图 7-14 与 Utkin 滑模观测器、全维观测器观测误差图比较可知，Walcott-Zak 滑模观测器稳定时间比全维观测器要短，但比 Utkin 滑模观测器长，反应比较迅速。

　　下面将观测器的输出，即重构的状态变量作为滑模控制器的输入量，即将两者组成闭环控制系统，其他参数均不变，无干扰量，仿真结果如图 7-15 所示。

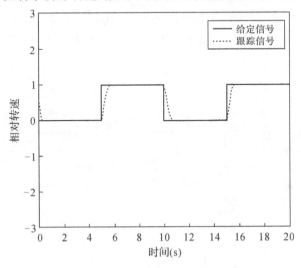

图 7-15　带 Walcott-Zak 滑模观测器的闭环系统跟踪（无干扰）

将图 7-15 与图 7-8、图 7-7 对比可见,闭环系统实现了对发动机模型的信号跟踪控制。

现在添加干扰量 $f = \begin{bmatrix} 0.05\sin t \\ 0.05\sin t \end{bmatrix}$,仿真结果如图 7-16 所示。

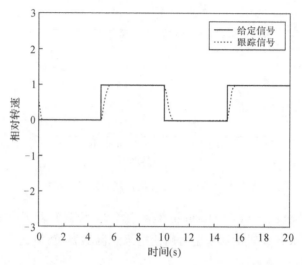

图 7-16   带 Walcott-Zak 滑模观测器的闭环系统跟踪(有外干扰)

由图 7-16 可知闭环系统可以抵抗正弦扰动的干扰,鲁棒性较强。

添加参数摄动,$A' = A + \Delta A, B' = B + \Delta B, C' = C + \Delta C$,取 $\Delta A = 0.02A$,$\Delta B = 0.01B, \Delta C = 0.015C$,其他参数不变,仿真结果如图 7-17 所示。

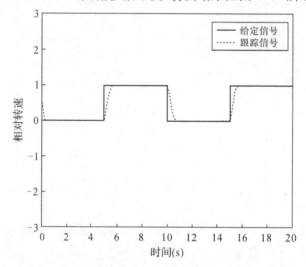

图 7-17   带 Walcott-Zak 滑模观测器的闭环系统跟踪(有参数摄动)

7.4　本章小结

在本章中,我们分析了发动机状态不能直接测得的情况下的滑模控制方法,设计了两种滑模观测器并且成功与全维状态观测器进行了性能仿真测试对比,并且将滑模观测器与滑模控制器连接组成了闭环控制系统,完成了对不可直接测量发动机模型的信号跟踪控制,最后还检验了闭环控制系统对干扰和参数摄动的鲁棒性。

第8章 航空动力系统其他部件滑模控制

8.1 引 言

一方面,燃油系统是航空动力控制系统的重要组成部分,其性能对整个航空动力系统的性能起了至关重要的作用。另一方面,随着电力电子技术的飞速发展,现代航空动力系统出现了多电化、全电化的概念[97−100],而高性能的磁悬浮轴承技术是多电航空动力系统的核心技术之一。

前面几章已经较为详细地围绕航空发动机转速控制系统讲述了滑模控制的基础理论和最新成果,本章将以航空发动机燃油控制系统和磁悬浮轴承转子系统为对象,介绍滑模控制在航空动力系统其他部件中的应用。

8.2 航空发动机燃油系统滑模控制

航空发动机的燃油系统是发动机的重要组成部分。燃油系统的主要任务是对进入发动机的燃油流量进行控制,按照发动机的不同工况提供所需的燃油。在发动机控制系统中,燃油系统的设计既是难点又是关键点。因为发动机采用什么样的燃油供给与控制机构,将直接影响其性能与可靠性。

在航空发动机燃油系统中,燃油计量装置占有极其重要的地位,这是因为这部分元件通常处于相对恶劣的工作环境中,若计量装置出现故障,将直接导致数控系统不能正常工作。再者燃油的计量方式直接影响数控系统的稳态控制精度和动态特性。因此,燃油计量装置是燃油系统的核心部分,从一定程度上来说燃油计量装置可以指代燃油系统。

航空发动机采用的燃油计量装置主要是以电液伺服阀、步进电机和高速占空比电磁阀等作为驱动执行机构的。下面将以电液伺服阀为例进行滑模控制系统设计。

图 8-1 给出了电液位置控制系统结构图。对于带惯性负载的液压驱动机构,液压系统模型无论是阀控系统还是泵控系统,其模型都可以近似地看成三阶模型。

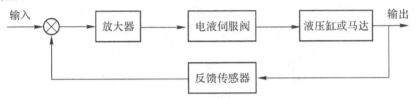

图 8-1　电液位置控制系统结构

如图 8-2 所示为某电液位置伺服系统[103], $K_a = 0.1\text{A/V}, K_q = 20 \times 10^{-6}\,\text{m}^3/\text{s} \cdot \text{mA}, D_m = 5 \times 10^{-6}\,\text{m}^3/\text{rad}, n = 0.03 \times 10^{-2}\,\text{m/rad}, K_f = 50\text{V/m}, \omega_h = 100\text{rad/s}, \xi_h = 0.225$。

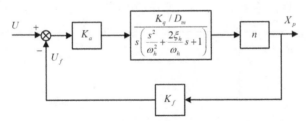

图 8-2　电液位置伺服系统

对应的闭环传递函数为

$$G(s) = \frac{X_p}{U} = \frac{\dfrac{nK_aK_q/D_m}{s\left(\dfrac{s^2}{\omega_h^2}+\dfrac{2\xi_h}{\omega_h}s+1\right)}}{1+\dfrac{nK_aK_q/D_m}{s\left(\dfrac{s^2}{\omega_h^2}+\dfrac{2\xi_h}{\omega_h}s+1\right)}K_f}$$

$$= \frac{nK_aK_q/D_m}{s\left(\dfrac{s^2}{\omega_h^2}+\dfrac{2\xi_h}{\omega_h}s+1\right)+nK_fK_aK_q/D_m}$$

$$=\frac{\omega_h^2 n K_a K_q / D_m}{s^3 + 2\xi_h \omega_h s^2 + \omega_h^2 s + \omega_h^2 n K_f K_a K_q / D_m}$$

$$=\frac{1200}{s^3 + 45s^2 + 10000s + 60000}$$

转换为状态空间模型为

$$\dot{x} = Ax + Bu$$

$$y = Cx \tag{8-1}$$

其中,$A = \begin{bmatrix} 0 & 1 & 0 \\ 0 & 0 & 1 \\ -60000 & -10000 & -45 \end{bmatrix}$, $B = \begin{bmatrix} 0 \\ 0 \\ 1200 \end{bmatrix}$, $C = \begin{bmatrix} 1 & 0 & 0 \end{bmatrix}$。

为系统(8-1)设计线性滑模面 $s = \sigma x$,采用指数趋近律 $\dot{s} = -ks - \varepsilon\mathrm{sgn}(s)$,参考第 3 章的线性滑模控制器设计方法,可得系统(8-1)的滑模控制器 $u = -(\sigma B)^{-1}[\sigma Ax + ks + \varepsilon\mathrm{sgn}(s)]$。仿真中为滑模面选择极点 $pp = [-30 \quad -20]$,可得 $\sigma = [600, 50, 1]$,取 $k = 50, \varepsilon = 1$。假设初始条件 $x = [1 \quad 0 \quad 0]^{\mathrm{T}}$,控制目标是尽快使得阀芯位置 x_p 保持在平衡位置上。

为了考察滑模控制的控制效果,本节采用 LQR 方法与滑模控制方法进行对比。考虑性能指标 $J = \int_0^\infty (x^{\mathrm{T}}Qx + ru^2)\mathrm{d}t$,取 $Q = \mathrm{diag}\{1,1,1\}, r = 5$。

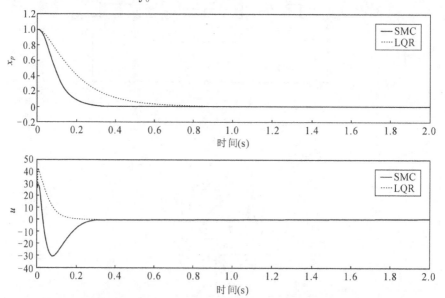

图 8-3　电液位置伺服系统最优控制输出曲线及控制曲线

仿真结果如图 8-3 所示。显然，相比于 LQR 控制方法，在滑模控制的作用下，x_p 收敛得更快，控制量最大峰值更小。

8.3　磁悬浮轴承转子系统微分滑模控制

美欧等国家在 20 世纪 90 年代先后实施了多电飞机的计划，其中多电发动机(more-electric gas turbine engines)是多电飞机的核心。多电发动机以支承发动机转子的非接触式磁性轴承和发动机轴上安装的内装式整体起动/发电机为核心，配以分布式电子控制系统，为发动机和飞机各个系统提供电力驱动。多电发动机用磁悬浮轴承取代传统的接触式滚动轴承，可以减少振动，增大轴承公径值，改善可靠性和维修性，降低成本[102-107]。

本节针对磁悬浮轴承转子系统，研究一种微分滑模控制方法[108]。该方法针对五自由度磁悬浮转子系统的简要动态模型，考虑系统状态不完全可测量和干扰上界不可知问题，首先设计一种微分滑模面；然后基于扩张干扰估计器，利用系统的输出变量，设计新颖的带干扰估计的状态观测器；进而根据状态观测值和干扰估计值，基于滑模趋近律，获得磁悬浮转子系统微分滑模控制器。该方法不需要磁悬浮转子系统高复杂度的数学模型，不需要干扰的上界已知，而且干扰可以是持续的或非持续的，能够实现干扰估计误差和状态观测误差有界，并且收敛边界可以调节至很小，能够保证微分滑模面可达和磁悬浮转子闭环控制系统鲁棒稳定。

8.3.1　五自由度磁悬浮转子系统模型

首先建立五自由度磁悬浮转子系统动态模型，系统示意图见图 8-4，所述模型表示为

$$\ddot{y} = a(y) + b(y)u + d \tag{8-2}$$

其中，$y = [X_1, X_2, Y_1, Y_2, Z]^\mathrm{T} = [y_1, y_2, y_3, y_4, y_5]^\mathrm{T}$，是可测的输出变量，$X_1$、$Y_1$ 分别是左边径向磁轴承在 x-y 坐标系中的位移量，X_2、Y_2 为右边径向磁轴承在 x-y 坐标系中的位移量，Z 是轴向推力磁轴承的水平位移量。$u = [i_{X_1}, i_{X_2}, i_{Y_1}, i_{Y_2}, i_Z]^\mathrm{T} = [u_1, u_2, u_3, u_4, u_5]^\mathrm{T}$，是输入变量，$i_{X_1}$、$i_{Y_1}$ 是左边径向磁轴承的输入电流，i_{X_2}、i_{Y_2} 是右边径向磁轴承的输入电流，i_Z 是轴向推力磁轴承的输入电流。$a(y) = [a_1(X_1), a_2(X_2), a_3(Y_1), a_4(Y_2), a_5(Z)]^\mathrm{T}$ 和 $b(y) =$

$[b_1(X_1),b_2(X_2),b_3(Y_1),b_4(Y_2),b_5(Z)]^{\mathrm{T}}$ 是描述五自由度磁悬浮转子系统动态特性的非线性或线性已知向量函数，$a_i(\cdot),b_i(\cdot),(i=1,2,3,4,5)$ 都是标量函数，且 $b_i(\cdot)\neq 0$。$d=[d_1,d_2,d_3,d_4,d_5]^{\mathrm{T}}$ 是未知的连续集成干扰项，包含系统的未建模动态、不确定参数摄动、内部耦合项和外部干扰等。

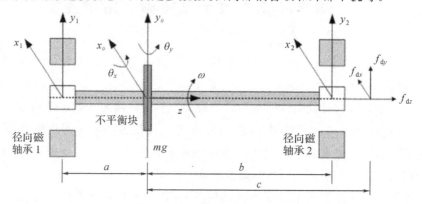

图 8-4　五自由度磁悬浮转子系统

令 $\eta_i=[\eta_{i_1},\eta_{i_2}]^{\mathrm{T}}=[y_i,\dot{y}_i]^{\mathrm{T}}$ 为状态变量，$\Psi_i=\begin{bmatrix}\Psi_{i_1}\\\Psi_{i_2}\end{bmatrix}=\begin{bmatrix}\eta_{i_2}\\a_i+b_iu_i\end{bmatrix}$ 为包含系统特性和控制量的线性或非线性函数向量，$B_d=[0,1]^{\mathrm{T}}$ 是二维常数向量，其中 $i=1,2,3,4,5$。则系统动态模型(8-2)可写成如下状态空间模型形式：

$$\dot{\eta}_i=\Psi_i+B_dd_i,(i=1,2,3,4,5) \tag{8-3}$$

假设 8-1：d 的零阶、一阶、二阶导数有界，但界限未知，即满足：

$$\left|\frac{d^jd_i}{dt^j}\right|\leqslant\mu_i,(i=1,2,3,4,5;j=0,1,2) \tag{8-4}$$

其中，μ_i 是未知正实数。

8.3.2　微分滑模面设计

定义辅助滑模变量 s_{i_0}，由辅助滑模函数(8-5)来描述

$$s_{i_0}=\sigma_i\eta_i \tag{8-5}$$

其中，$\sigma_i=[\sigma_{i_1},1]$，$(i=1,2,3,4,5)$，$\sigma_i$ 取值满足 $\sigma_{i_1}>0$，保证状态向量 η_i 在辅助滑模面 $S_{i_0}=\{\eta_i\,|\,s_{i_0}(\eta_i)=0\}$ 上具有满意性能。

建立微分滑模面 $S_i=\{\eta_i\,|\,s_i(\eta_i)=0\}$，其滑模变量 s_i 由滑模函数(8-6)来描述：

$$s_i = \sigma_i \psi_i + \sigma_{i_2} s_{i_0} \tag{8-6}$$

其中，σ_{i_2} 取正实数，用于实现微分滑模面 S_i 具有满意性能。

把式(8-5)代入式(8-6)，可得

$$
\begin{aligned}
s_i &= \sigma_i \psi_i + \sigma_{i_2} (\sigma_i \eta_i) \\
&= [\sigma_{i_1}, 1] \begin{bmatrix} \psi_{i_1} \\ \psi_{i_2} \end{bmatrix} + \sigma_{i_2} [\sigma_{i_1}, 1] \begin{bmatrix} \eta_{i_1} \\ \eta_{i_2} \end{bmatrix} \\
&= \psi_{i_2} + \sigma_{i_1} \psi_{i_1} + \sigma_{i_2} \eta_{i_2} + \sigma_{i_2} \sigma_{i_1} \eta_{i_1}
\end{aligned}
\tag{8-7}
$$

在滑模面 S_i 上，当系统(8-3)不存在干扰项时，考虑对应的标称模型：

$$\dot{\eta}_i = \Psi_i, \quad (i=1,2,3,4,5) \tag{8-8}$$

有 $\dot{\eta}_{i_1} = \eta_{i_2}$，$\ddot{\eta}_{i_1} = \dot{\eta}_{i_2} = \psi_{i_2}$，则微分滑模函数(8-6)可表示为

$$s_i = \ddot{\eta}_{i_1} + (\sigma_{i_1} + \sigma_{i_2}) \dot{\eta}_{i_1} + \sigma_{i_2} \sigma_{i_1} \eta_{i_1} \tag{8-9}$$

因此，可以通过选择合适的 σ_{i_2} 和 σ_{i_1} 使得 η_i 在滑模面 S_i 上具有良好动态。

因为与传统的积分滑模函数 $s_{i_{\mathrm{ISMC}}} = \dot{\eta}_{i_1} + c_1 \eta_{i_1} + c_2 \int_0^t \eta_{i_1} \mathrm{d}\tau$ 相比，微分滑模函数(8-9)是当 $c_1 = \sigma_{i_1} + \sigma_{i_2}$，$c_2 = \sigma_{i_1} \sigma_{i_2}$ 时 $s_{i_{\mathrm{ISMC}}}$ 的导数，所以我们称滑模函数(8-6)为微分滑模函数。

8.3.3　含干扰估计的状态观测器设计

建立系统(8-3)的增广系统模型，所述增广系统模型为

$$\dot{z}_i = A_i(z_i) + Bv_i + B_{d_a} d_i, \quad (i=1,2,3,4,5) \tag{8-10}$$

其中，$z_i = [y_i, \dot{y}_i, u]^{\mathrm{T}}$，是增广的状态变量；$v_i = \dot{u}_i$，是增广的控制变量；$A_i(\cdot) = [\psi_{i_1}, \psi_{i_2}, 0]^{\mathrm{T}}$，为增广系统的系统矩阵；$B = [0,0,1]^{\mathrm{T}}$，$B_{d_a} = [0,1,0]^{\mathrm{T}}$ 是三维常数向量。

设计含干扰估计的状态观测器如下：

$$\dot{\hat{z}}_i = f_i(\hat{z}_i, v_i) + P_{0_i}(y_i - \hat{y}_i) + B_{d_a} \hat{d}_i, \quad (i=1,2,3,4,5) \tag{8-11}$$

其中，$P_{0_i} \in \mathbf{R}^{3 \times 1}$，是常数可设计矩阵；$f_i(\cdot) = A_i + Bv_i$，是包含系统信息的向量函数；$\hat{z}_i$、$\hat{y}_i$ 和 $\hat{d}_i$ 分别是 z_i、y_i 和 d_i 的估计值。

含干扰估计的状态观测器的干扰估计值 $\hat{d}_i$ 由扩张干扰估计器(8-12)获取：

$$
\begin{cases}
\dot{\hat{\xi}}_i = p_i + q_i \eta_{2_i} \\
\dot{p}_i = -q_i \psi_{2_i} + Q_i \hat{\xi}_i
\end{cases}
\tag{8-12}
$$

其中，$\hat{\xi}_i = [\hat{d}_i, \dot{\hat{d}}_i]^{\mathrm{T}}$，是扩张干扰向量 $\xi_i = [d_i, \dot{d}_i]^{\mathrm{T}}$ 的估计值；$p_i = [p_{i_1}, p_{i_2}]^{\mathrm{T}}$

是扩张干扰估计器的内部状态；$q_i = [q_{i_1}, q_{i_2}]^T$，$Q_i = \begin{bmatrix} -q_{i_1} & 1 \\ -q_{i_2} & 0 \end{bmatrix}^T$，$q_{i_1}$ 和 q_{i_2} 是可设计的正实数。

该含扩张干扰估计器的状态观测器可以同时获得干扰的估计值和状态的观测值。

8.3.4　输出反馈微分滑模控制器设计

考虑到式(8-7)可写为

$$s_i = \sigma_{i1} \eta_{i2} + (a_i(y_i) + b_i(y_i) u_i) + \sigma_{i2} \sigma_{i_1} \eta_{i_1} + \sigma_{i_2} \eta_{i_2}$$

$$= [\sigma_{i_2} \sigma_{i_1}, \sigma_{i_2} + \sigma_{i_1}, b_i(y_i)] \begin{bmatrix} y_i \\ \dot{y}_i \\ u_i \end{bmatrix} + a_i(y_i)$$

$$= l_i(y_i) z_i + a_i(y_i) \tag{8-13}$$

其中，令 $l_i(y_i) = [\sigma_{i_2} \sigma_{i1}, \sigma_{i_2} + \sigma_{i_1}, b_i(y_i)]$。

则由式(8-10)可得式(8-13)的导数：

$$\dot{s}_i = l_i(y_i)' z_i + l_i(y_i) \dot{z}_i + a_i(y_i)'$$

$$= l_i(y_i)(A_i(z_i) + B_i v_i + B_{d_a} d_i) + (l_i(y_i)' z_i + a_i(y_i)')$$

$$= l_i(y_i) A_i(z_i) + l_i(y_i) B_i v_i + l_i(y_i) B_{d_a} d_i + (l_i(y_i)' z_i + a_i(y_i)') \tag{8-14}$$

因为 $l_i(y_i) B_i = b_i(y_i)$，$l_i(y_i) B_{d_a} = \sigma_{i_1} + \sigma_{i_2}$，令 $\phi_i(z_i) = l_i(y_i) A_i(z_i) + l_i(y_i)' z_i + a_i(y_i)'$，式(8-14)可以简写为

$$\dot{s}_i = b_i(y_i) v_i + (\sigma_{i_1} + \sigma_{i_2}) d_i + \phi_i(z_i) \tag{8-15}$$

采用滑模趋近律$\dot{s}_i = -q_{i_v} s_i - \delta_{i_v} \operatorname{sgn}(s_i)$，其中，$q_{i_v}$ 和 δ_{i_v} 为正实数，可得输出反馈滑模控制器结构为

$$v_i(z_i) = b_i^{-1}(y_i) [-q_{i_v} s_i - \delta_{i_v} \operatorname{sgn}(s_i) - \phi_i(z_i) - (\sigma_{i_1} + \sigma_{i_2}) d_i] \tag{8-16}$$

因为式(8-16)中含有未知项 d_i 和 $\dot{y}_i$，所以为了保证控制器实际可行，需要采用 d_i 和 $\dot{y}_i$ 的估计值$\hat{d}_i$ 和 $\hat{\dot{y}}_i$，即可执行的输出反馈滑模控制器为

$$v_i(\hat{z}_i) = b_i^{-1}(\hat{y}_i) [-q_{i_v} s_i(\hat{z}_i) - \delta_{i_v} \operatorname{sgn}(s_i(\hat{z}_i)) - \phi_i(\hat{z}_i) - (\sigma_{i_1} + \sigma_{i_2}) \hat{d}_i] \tag{8-17}$$

因此，控制输入量 u 为

$$u(\hat{z}_i) = \int_0^t v_i(\hat{z}_i)\,\mathrm{d}\tau \tag{8-18}$$

从式(8-18)可以看出,与使用诸如饱和函数 $\mathrm{sat}(\cdot)$ 等来近似逼近信号函数 $\mathrm{sgn}(\cdot)$ 的方法不一样,本节设计的控制器(8-18),其中信号函数 $\mathrm{sgn}(\cdot)$ 的影响已经被积分效应平滑处理掉了,这样避免了使用饱和函数或相似的近似方法可能导致的系统鲁棒性降低的问题。

8.3.5　稳定性分析

在不产生混淆的情况下,本节中各个符号中省略下标 $i(i=1,2,3,4,5)$。

8.3.5.1　扩张干扰估计器稳定性分析

根据式(8-3)和式(8-12),$\hat{\xi}$ 的导数可写为

$$\begin{aligned}
\dot{\hat{\xi}} &= \dot{p} + q\dot{\eta}_2 \\
&= -q\psi_2 + Q\hat{\xi} + q(\psi_2 + d) \\
&= Q\hat{\xi} + qd
\end{aligned}$$

定义估计误差 $\tilde{\xi} = \xi - \hat{\xi}$,令 $\beta_\xi = [0,1]^\mathrm{T}$,有

$$\begin{aligned}
\dot{\tilde{\xi}} &= \dot{\xi} - \dot{\hat{\xi}} = \begin{bmatrix} \dot{d} \\ \ddot{d} \end{bmatrix} - (Q\hat{\xi} + qd) \\
&= \left(\begin{bmatrix} 0 & 1 \\ 0 & 0 \end{bmatrix} \begin{bmatrix} d \\ \dot{d} \end{bmatrix} + \begin{bmatrix} 0 \\ 1 \end{bmatrix} \ddot{d} \right) - \left(Q\hat{\xi} + \begin{bmatrix} q_1 & 0 \\ q_2 & 0 \end{bmatrix} \begin{bmatrix} d \\ \dot{d} \end{bmatrix} \right) \\
&= Q\tilde{\xi} + \beta_\xi \ddot{d}
\end{aligned} \tag{8-19}$$

对式(8-12),可以选择合适的 q_1 和 q_2 使得 Q 的特征值全部都在 s 平面的左半平面,以获得满意的控制性能。由式(8-19)可知,总是可以找到合适的正定对称阵 P_ξ 使式(8-20)对给定的正定阵 N_ξ 成立。

$$Q^\mathrm{T} P_\xi + P_\xi Q = -N_\xi \tag{8-20}$$

因此,假设 $\lambda_{\xi_{\min}}$ 表示 N_ξ 的最小特征值,选择 Lyapunov 函数为 $V_\xi = \tilde{\xi}^\mathrm{T} P_\xi \tilde{\xi}$,于是有

$$\begin{aligned}
\dot{V}_\xi &= \dot{\tilde{\xi}}^\mathrm{T} P_\xi \tilde{\xi} + \tilde{\xi}^\mathrm{T} P_\xi \dot{\tilde{\xi}} \\
&= (Q\tilde{\xi} + \beta_\xi \ddot{d})^\mathrm{T} P_\xi \tilde{\xi} + \tilde{\xi}^\mathrm{T} P_\xi (Q\tilde{\xi} + \beta_\xi \ddot{d}) \\
&= (\tilde{\xi}^\mathrm{T} Q^\mathrm{T} P_\xi \tilde{\xi} + \tilde{\xi}^\mathrm{T} P_\xi Q\tilde{\xi}) + [(\beta_\xi \ddot{d})^\mathrm{T} P_\xi \tilde{\xi} + \tilde{\xi}^\mathrm{T} P_\xi (\beta_\xi \ddot{d})] \\
&= \tilde{\xi}^\mathrm{T} (Q^\mathrm{T} P_\xi + P_\xi Q)\tilde{\xi} + 2\tilde{\xi}^\mathrm{T} P_\xi \beta_\xi \ddot{d}
\end{aligned}$$

由式(8-4)和式(8-20),有

$$\dot{V}_\xi \leqslant -\tilde{\xi}^{\mathrm{T}} N_\xi \tilde{\xi} + 2 \| P_\xi \beta_\xi \| \cdot \| \tilde{\xi} \| \mu$$

$$\leqslant -\| \tilde{\xi} \| (\lambda_{\xi_{\min}} \| \tilde{\xi} \| - 2 \| P_\xi \beta_\xi \| \mu)$$

所以,在充分长的一段时间之后,估计误差的范数有界,

$$\| \tilde{\xi} \| \leqslant \gamma_\xi \tag{8-21}$$

其中,$\gamma_\xi = \lambda_{\xi_{\min}}^{-1}(2 \| P_\xi \beta_\xi \| \mu)$。

因此,扩张干扰估计误差$\tilde{\xi}$的范数最终有界,这个界可以通过选择合适的q_1、q_2、P_ξ和N_ξ来减少。

8.3.5.2　误差观测器稳定性分析

定义$\tilde{z} = z - \hat{z} = [y - \hat{y}, \dot{y} - \dot{\hat{y}}, u - \hat{u}]^{\mathrm{T}} = [\tilde{y}, \dot{\tilde{y}}, \tilde{u}]^{\mathrm{T}}$是观测误差,选择Lyapunov函数为

$$V_o = \tilde{z}^{\mathrm{T}} N_o \tilde{z}$$

其中,$N_o \in \mathbf{R}^{3 \times 3}$是对称正定阵,其特征值介于$\lambda_{N_o\min}$和$\lambda_{N_o\max}$之间,$\lambda_{N_o\min}$和$\lambda_{N_o\max}$是已知的正常数,满足$\lambda_{N_o\min} \leqslant \lambda_{N_o\max}$。

定理 8-1:

对系统(8-10),在误差观测器(8-11)、扩张干扰估计器(8-12)和输出反馈滑模控制器(8-17)的作用下,观测误差$\tilde{z}$收敛到零点附近的一个有界域内,如果存在一个正常数κ使得条件(8-22)成立:

$$N_o(f_z - P_o h_z) + [N_o(f_z - P_o h_z)]^{\mathrm{T}} \leqslant -2\kappa I \tag{8-22}$$

其中,$I \in \mathbf{R}^{3 \times 3}$是单位阵,$f_z$和$h_z$根据$(\varepsilon_o(\zeta), v(\hat{z}))$求得,$\varepsilon_o(\zeta) = \zeta z + (1 - \zeta)\hat{z}$。

证明:

根据误差观测器(8-11)和扩张干扰估计器(8-12),有

$$\dot{V}_o = (\tilde{z}^{\mathrm{T}} N_o \tilde{z})'$$

$$= 2 \tilde{z}^{\mathrm{T}} N_o (\dot{z} - \dot{\hat{z}})$$

$$= 2 \tilde{z}^{\mathrm{T}} N_o [f(z, \ddot{y}_r, v(z)) + B_{d_a} d - (f(\hat{z}, \ddot{y}_r, v(\hat{z})) + P_o(y - h(\hat{z})) + B_{d_a} \hat{d})]$$

$$= 2 \tilde{z}^{\mathrm{T}} N_o \{ [f(z, \ddot{y}_r, v(z)) - f(\hat{z}, \ddot{y}_r, v(\hat{z}))] - P_o(y - h(\hat{z})) \} + 2 \tilde{z}^{\mathrm{T}} N_o B_{d_a} \tilde{d}$$

$$= 2 \tilde{z}^{\mathrm{T}} N_o [\int_0^1 (f_z - P_o h_z) d\zeta] \tilde{z} + 2 \tilde{z}^{\mathrm{T}} N_o B_{d_a} \tilde{d}$$

$$= \int_0^1 \tilde{z}^{\mathrm{T}} L_o \tilde{z} d\zeta + 2 \tilde{z}^{\mathrm{T}} N_o B_{d_a} \tilde{d}$$

其中,令$L_o = N_o(f_z - P_o h_z) + [N_o(f_z - P_o h_z)]^{\mathrm{T}}$。

由(8-21),通过计算,可得

$$2\,\tilde{z}^{\mathrm{T}}N_oB_{d_a}\tilde{d}\leqslant\frac{\kappa}{\lambda_{N_{o\max}}}\tilde{z}^{\mathrm{T}}N_o\tilde{z}+\frac{\lambda_{N_{o\max}}}{\kappa}(B_{d_a}\tilde{d})^{\mathrm{T}}N_o(B_{d_a}\tilde{d})$$

$$\leqslant\frac{\kappa}{\lambda_{N_{o\max}}}V_o+\frac{\lambda^2_{N_{o\max}}}{\kappa}\gamma^2_\xi \tag{8-23}$$

根据(8-22)和(8-23),有

$$\dot{V}_o\leqslant\frac{-2\kappa}{\lambda_{N_{o\max}}}V_o+(\frac{\kappa}{\lambda_{N_{o\max}}}V_o+\frac{\lambda^2_{N_{o\max}}}{\kappa}\gamma^2_\xi)$$

$$=\frac{-\kappa}{\lambda_{N_{o\max}}}V_o+\frac{\lambda^2_{N_{o\max}}}{\kappa}\gamma^2_\xi$$

显然,当 $\lambda_{N_{o\max}}$ 和 γ_ξ 很小,或者 κ 很大,可以保证 $\dot{V}_o<0$。

因为 $\lambda_{N_{o\max}}$ 是 N_o 的最大特征值,N_o 可以由用户来选择,同时 γ_ξ 能够通过合适选择 q_1、q_2、P_ξ 和 N_ξ 来降低,所以不难实现观测误差 $\tilde{z}$ 收敛到零点附近的一个有界小邻域内。

8.3.5.3　滑模可达性分析

定理 8-2:

在输出反馈滑模控制器(8-17)的作用下,微分滑模面(8-6)可达,闭环系统(8-10)鲁棒稳定,如果选择 δ_v 满足:

$$\delta_v=(\sigma_1+\sigma_2)\gamma_\xi \tag{8-24}$$

可证明:

根据滑模函数(8-6)和输出反馈滑模控制器(8-17),基于(8-15)可得

$$\dot{s}=(-q_vs-\delta_v\mathrm{sgn}(s)-(\sigma_1+\sigma_2)\hat{d}-\phi)+(\sigma_1+\sigma_2)d+\phi$$

$$=-q_vs-\delta_v\mathrm{sgn}(s)+(\sigma_1+\sigma_2)\tilde{d}$$

显然在满足条件(8-24)的情况下,

当 $s>0$ 时,有

$$\dot{s}=-q_vs-(\sigma_1+\sigma_2)\gamma_\xi+(\sigma_1+\sigma_2)\tilde{d}$$

$$=-q_vs+(\sigma_1+\sigma_2)(-\gamma_\xi+\tilde{d})$$

$$\leqslant-q_vs+(\sigma_1+\sigma_2)(-\gamma_\xi+\gamma_\xi)$$

$$=-q_vs$$

$$<0 \tag{8-25}$$

当 $s<0$ 时,有

$$\dot{s}=-q_vs+(\sigma_1+\sigma_2)\gamma_\xi+(\sigma_1+\sigma_2)\tilde{d}$$

$$= -q_v s + (\sigma_1 + \sigma_2)(\gamma_\xi + \tilde{d})$$
$$\geqslant -q_v s + (\sigma_1 + \sigma_2)(\gamma_\xi - \gamma_\xi)$$
$$= -q_v s$$
$$> 0 \tag{8-26}$$

选择 Lyapunov 函数 $V_c = \dfrac{1}{2} s^2$，则其导数为 $\dot{V}_c = s\dot{s}$。根据(8-25)和(8-26)，很明显有 $\dot{V}_c < 0$ 成立。因此，滑模面 S 可达。

因为滑模面上的动态由滑模函数(8-6)事先指定，根据滑模控制理论[6]，一旦滑模面 S 可达，那么闭环系统鲁棒稳定。

图 8-5 给出了本节所设计的五自由度磁悬浮转子系统输出反馈微分滑模控制系统示意图。

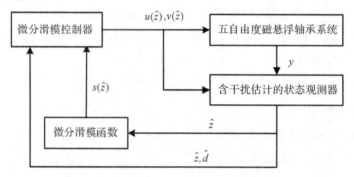

图 8-5　五自由度磁悬浮转子系统输出反馈微分滑模控制系统

8.3.6　仿真验证

下面通过仿真验证上述滑模控制方法的有效性。

仿真参数如下：左右径向磁轴承具有相同的特性，空气间隙 $X_b = 0.4 \times 10^{-3}$ m，轴向推力磁轴承空气间隙 $Z_b = 0.5 \times 10^{-3}$ m，X-Y 方向质量转子的转动惯量 $J = 4.004 \times 10^{-2}$ kg·m²，Z 方向质量转子的转动惯量 $J_z = 6.565 \times 10^{-4}$ kg·m²，转子质量不平衡 $r = 1.0 \times 10^{-5}$ m，转子质量 $m = 2.56478$ kg，左磁轴承、右磁轴承、外干扰到转子重心的距离分别是 $l_a = 0.16$ m、$l_b = 0.19$ m、$l_c = 0.263$ m，重量加速度 $g = 9.81$ kg/m²。

仿真中考虑外干扰 $f_{d_z} = 0.05 \times 2 \times 0.38 \times 9.81$ N，转子初始位置 $y(0) = [0.15, -0.15, 0.05, -0.05, 0.10]^{\mathrm{T}}$ mm，转子转速 $\omega = 4800$ r/min。X, Y, Z 方向上的允许位移范围分别为 ± 0.4 mm、± 0.4 mm、± 0.5 mm，输入电流允许范围

为±1.2A。

选取滑模函数参数 $\sigma_1=[8,50,100,180,100]$，$\sigma_2=[1000,1000,1200,1200,285]$，控制器参数 $\gamma_\xi=[0.9,0.9,0.9,0.9,0.9]$，$q_v=[50,50,30,30,50]$，

状态观测器参数 $P_o=\begin{bmatrix} 10^3 & 10^3 & 10^3 & 10^3 & 10^3 \\ 3\times10^6 & 3\times10^6 & 3\times10^6 & 3\times10^6 & 3\times10^6 \\ 0 & 0 & 0 & 0 & 0 \end{bmatrix}$，扩张干扰

估计器参数 $q=\begin{bmatrix} 600 & 600 & 650 & 650 & 500 \\ 1 & 1 & 1 & 1 & 1 \end{bmatrix}$。

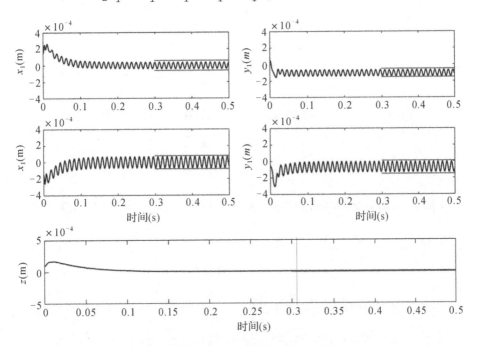

图 8-6　五自由度转子位置响应（末端横线表示收敛边界）

如图 8-6 至图 8-9 所示，转子是一类动平衡系统，在本章所述的微分滑模控制方法作用下，磁悬浮转子系统具有良好的动态性能、优良的鲁棒性和抑制转子振动的能力。图 8-6 表明磁悬浮转子系统快速进入动态平衡，大约在 0.3 s；X、Y、Z 方向上的位移都很平稳，具有很好的精度，最大位移量在允许的位移范围之内。图 8-7 说明 X-Y 轨迹迅速达到动态平衡，平衡后的轨迹很规则。从图 8-8 不难发现，X、Y、Z 方向上状态观测误差很小，比位移允许范围少一个数量级。由图 8-9 可知，输入电流的波动很小，最大电流量在允许的位移范围之内。

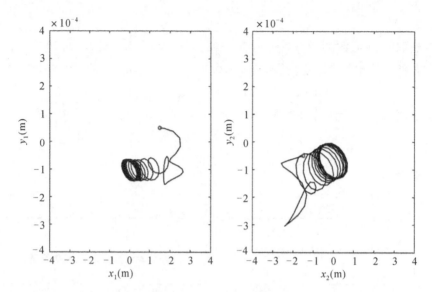

图 8-7 五自由度磁悬浮转子 X-Y 平面轨迹（圈点表示初始位置）

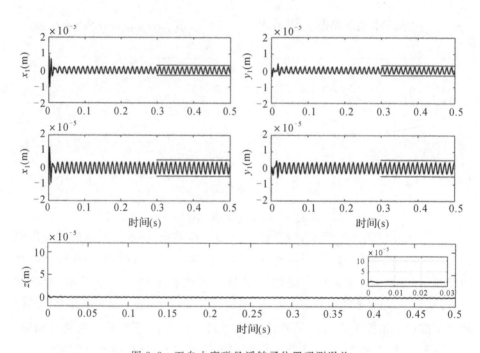

图 8-8 五自由度磁悬浮转子位置观测误差

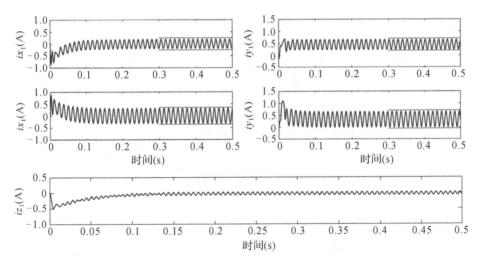

图 8-9　五自由度磁悬浮转子系统磁悬浮轴承电流输入

8.4　本章小结

　　本章介绍了滑模控制在航空动力燃油控制系统和磁悬浮轴承转子系统中的应用。首先以航空发动机燃油系统的核心部件燃油计量装置为对象,给出了基于线性滑模面的滑模控制系统设计过程及仿真结果。然后以多电发动机中的典型部件磁悬浮轴承转子系统为对象,阐述了基于微分滑模面的五自由度磁悬浮转子系统输出反馈微分滑模控制系统设计方法,并通过仿真实验,验证了该设计方法的有效性。

参考文献

[1] 孙健国.现代航空动力装置控制[M].北京:航空工业出版社,2009.

[2] 查理.航空发动机技术[J].国防科技,2004(4):11-15.

[3] 陈懋章.航空发动机技术的发展[J].科学中国人,2015(28):10-19.

[4] 黎明,索建秦,吴二平.国外先进航空发动机技术带给我们的启示[J].航空制造技术,2013(9):66-71.

[5] 姚华.未来航空发动机控制技术的发展趋势[J].航空科学技术,2012(6):1-6.

[6] 姚华.航空发动机全权限数字电子控制系统[M].北京:航空工业出版社,2014.

[7] 范昕宇.航空发动机传感器神经网络故障诊断及滑模容错控制研究[D].南京:南京航空航天大学,2015.

[8] 卢彬彬.航空多电发动机 DC/DC 变换器数字化控制研究[D].南京:南京航空航天大学,2016.

[9] 王曦,程茵.国外航空推进控制技术的发展[J].航空发动机,2009,35(3):5-7.

[10] Michael Athans, Petros Kapasouris, Efthimios Kappos, et al. Linear-Quadratic Gaussian with loop transfer recovery methodology for the F-100 engine[J]. AIAA,1986,9(1):45-52.

[11] Athans M,Cambridge Ma,Kappos E,et al. Multivariable control for the F-100 engine using the LQG/LTR methodology[J]. AIAA,1984-1910.

[12] W F Dellinger,A T Alouani. Application of linear multivariable control design for the GE-21 turbofan jet engine[J]. IEEE,1989,167-171.

［13］ William H Pfeil，Michael Athans，H Austin Spang. Muliti-variable control of the GE T700 engine using the LQG/LTR design methodology. Proceed of 1986 ACC.

［14］ M Harefors. Application of H∞ robust control to the RM12 jet engine ［J］. Control Engineering Practice，1997，5(9)：1189-1201.

［15］ H Austin Spang，Harold Brown. Control of jet engines［J］. Control Engineering Practice，1999(7)：1043-1059.

［16］ Ryo Watanabe，Masahiro Kurosaki，Takeshi Kusakawa，et al. H∞ control of gasturbine engines for helicopters［J］. Proceedings of the American control conference，1993，1123-1127.

［17］ 徐刚，孙健国，张绍基. 用 H∞方法设计航空发动机鲁棒控制系统［J］. 航空动力学报，1995，(1)：90-92.

［18］ 冯正平. 航空发动机多变量鲁棒控制 ［D］. 南京：南京航空航天大学，1999.

［19］ 杨刚，孙健国，姚华等. 航空发动机 H∞/LTR 控制试验验证［J］. 航空学报，2006，27(5)：773-777.

［20］ 王海泉，郭迎清，陆军，等. 航空发动机二自由度鲁棒控制 LMI 方法研究 ［J］. 航空动力学报，2009，24(6)：1413-1419.

［21］ 李秋红，航空发动机智能鲁棒控制研究［D］. 南京：南京航空航天大学，2011.

［22］ 王元，李秋红，黄向华，等. 基于改进 NSGA Ⅱ 的航空发动机 LQ/H∞控制器设计［J］. 航空动力学报，2015，30(4)：985-991.

［23］ Myers L P，et al. Preliminary flight results of an adaptive engine control system on an F-15 airplane［J］. AIAA，87-1847.

［24］ Jinquan Huang，Jianguo Sun. Multivariable adaptive control Using only input and output measurement for turbojet engines［J］. Transactions of the ASME，Journal of Engineering for Gas Turbines and Power，1995，117：314-319.

［25］ 郭迎清. 航空发动机神经网络自适应控制研究［J］. 航空动力学报，2001，16(1)：83-86.

［26］ 潘慕绚. 航空发动机自适应控制 ［D］. 南京：南京航空航天大学，2003.

［27］ 王成玖，黄金泉. 具有智能调节机构的航空发动机自适应控制系统［J］. 航空发动机，2005，31(3)：44-46.

[28] 殷石.航空发动机神经网络自适应控制研究及试验验证[D].南京:南京航空航天大学,2009.

[29] 吴晓辉,王慧颖.涡轴发动机模糊自适应控制[J].中国科技纵横,2015 (17):33-33。

[30] 王树青.先进控制技术及应用[M].北京:化学工业出版社,2001.

[31] 徐胜红,孙庆祥,顾文锦,等.非线性预测控制模型方法综述[J].海军航空工程学院学报,2007,22(6):633-636.

[32] A P Wiese,M J Blom,C Manzie,et al. Model reduction and MIMO model predictive control of gas turbine systems [J]. Control Engineering Practice,2015,45:194-206.

[33] H A van Essen, H C de Lange. Nonlinear model predictive control experiments on a laboratory gas turbine installation [J]. Journal of Engineering for Gas Turbines and Power,2001,123(2):347-352.

[34] Brent J Brunell, Robert R Bitmead, Allan J Connolly. Nonlinear model predictive control of an aircraft gas turbine engine[C],Proceedings of the 41st IEEE Conference on Decision and Control,LAS VEGAS NV,2002: 4649-4651.

[35] 姚文荣,孙健国.涡轴发动机非线性模型预测控制[J].航空学报,2008,29 (4):776-780.

[36] 肖玲斐,黄向华.涡轴发动机自适应非线性预测控制[J].航空动力学报, 2012,27(3):1-7.

[37] 肖玲斐,朱跃.涡轴发动机组合模型非线性预测控制[J].推进技术,2012, 33(2):283-287.

[38] 曹志松,朴英.基于混合遗传算法的航空发动机 PID 控制参数寻优[J].航空动力学报,2007,22(9):1588-1592.

[39] 卢彬彬,肖玲斐,龚仁吉,等.基于人工蜂群算法的航空发动机参数自整定 PID 控制[J].推进技术,2015(1):130-135.

[40] 焦洋,李秋红,李业波.基于 IFA-ELM 的航空发动机自适应 PID 控制新方法[J].北京航空航天大学学报,2015,41(3):530-537.

[41] Cooper J, Hinde C. Improving genetic algorithms' efficiency using intelligent fitness functions [M]//developments in applied artificial intelligence. Springer Berlin Heidelberg,2003:636-643.

［42］林军,倪宏,孙鹏,等.一种采用神经网络 PID 控制的自适应资源分配方法
　　　［J］.西安交通大学学报,2013,47(4):112-117.

［43］李秋红,孙健国,周继超.航空发动机 PID 控制参数优化的改进遗传算法
　　　［J］.南京航空航天大学学报,2006,38(2):162-165.

［44］龚仁吉.涡轴发动机多变量滑模控制设计与仿真研究［D］.南京:南京航空
　　　航天大学,2013.

［45］Richter H. Control design with output constraints:multi-regulator sliding
　　　mode approach with override logic ［C］. Proceedings of the American
　　　Control Conference,2012:6166-6171.

［46］Richter H. A novel controller for gas turbine engines with aggressive
　　　limit management ［C］. 47th AIAA/ASME/SAE/ASEE Joint Propulsion
　　　Conference and Exhibit AIAA,2011.

［47］Richter H. Multiple sliding modes with override logic:limit management in
　　　aircraft engine controls ［J］. Journal of Guidance,Control and Dynamics,2012,
　　　35(4):1132-1142.

［48］苗卓广,谢寿生,何秀然,等.自适应 PSO 网络整定的航空发动机全程滑模
　　　控制［J］.推进技术,2011,32(2):220-224.

［49］蔡萃英,肖玲斐.基于遗传算法的航空发动机滑模控制研究［J］.伺服控制,
　　　2013(3):35-38.

［50］龚仁吉,肖玲斐.航空发动机变参数模型与滑模控制研究［J］.伺服控制,
　　　2014(4):35-38.

［51］孙晖.航空发动机的多变量滑模控制方法研究［D］.北京:清华大学,2015.

［52］丁润泽,肖玲斐.航空发动机二次积分滑模控制［C］.成都:中国航空学会
　　　第十八届航空发动机自动控制专业学术交流会,2016.

［53］Binbin Lu,Lingfei Xiao. Aeroengine nonlinear sliding mode control based
　　　on artificial bee colony algorithm［J］. Transaction of Nanjing University
　　　of Aeronautics and Astronautics,2017,34(2):152-162.

［54］Lingfei Xiao,Yanbin Du,Jixiang Hu et al. Sliding mode fault tolerant
　　　control with adaptive diagnosis for aircraft engines［J］. International
　　　Journal of Turbo & Jet-Engines,2018,35(1):49-57.

［55］蔡萃英.涡轴发动机智能非线性控制研究［D］.南京:南京航空航天大
　　　学,2012.

[56] 申涛. 微型涡喷发动机建模与控制的研究[D]. 南京：南京航空航天大学,2011.

[57] 孙龙飞. 航空发动机组件化建模技术研究[D]. 南京：南京航空航天大学,2009.

[58] 丁琳. 涡轴发动机数字控制与仿真技术研究[D]. 南京：南京航空航天大学,2011.

[59] 丁琳,王道波,李猛,等. 直升机涡轴发动机燃油调节系统建模与仿真[J]. 航空兵器,2011(4):30-34.

[60] Vadim I Utkin. First stage of VSS:People and events,variable structure systems:towards the 21st century[J]. Lecture Notes in Control and Information Sciences,Springer Berlin/Heidelberg,2002,274:1-32.

[61] 高为炳. 变结构控制的理论及设计方法[M]. 北京：科学出版社,1996.

[62] Weibing Gao,James C Hung. Variable structure control of nonlinear systems:a new approach[J]. IEEE Transactions on Industrial Electronics,1993,40(1):45-55.

[63] Vadim I Utkin. Variable structure systems with sliding modes[J]. IEEE Transactions on Automatic Control,1977,22(2):212-222.

[64] K David Young,Vadim I Utkin,Umit Ozguner. A control engineer's guide to sliding mode control[J]. IEEE Transactions on Control Systems Technology,1999,7(3).

[65] Hoon Lee,Vadim I Utkin. Chattering analysis,advances in variable structure and sliding mode control[J]. Lecture Notes in Control and Information Sciences,Springer Berlin/Heidelberg,2006(334):107-121.

[66] 刘金琨. 滑模变结构控制 MATLAB 仿真[M]. 北京：清华大学出版社,2005.

[67] 刘金琨,孙富春. 滑模变结构控制理论及其算法研究与进展[J]. 控制理论与应用,2007(3):407-418.

[68] 周文祥,单晓明,耿志东,等. 自寻优求解法建立涡轴发动机状态变量模型[J]. 航空动力学报,2008,23(12):2314-2319.

[69] 李鹏,郑志强. 非线性积分滑模控制方法[J]. 控制理论与应用,2011,28(3):421-426.

[70] Slotine J J E,Sastry S S. Tracking control of nonlinear systems using

sliding surfaces with application to robot manipulator [J]. International Journal of Control,1983,38(2):465-434.

[71] Chern T L,Wu Y C. Design of integral variable structrue controller and application to electrohydraulic velocity servosystems [J]. IEE Proceedings D Control Theory and Applications,1991,138(5):439-444.

[72] Stepanenko Y,Cao Y,Su C. Variable structure control of robotic manipulator with PID sliding surfaces [J]. International Journal of Robust and Nonlinear Control,1998,8(1):79-90.

[73] Rubagotti M,Estrada A,Castanos F,et al. Integral sliding mode control for nonlinear systems with matchedand unmatched perturbations[J]. IEEE Transactions on Automatic Control,2011,56(11):2699-2704.

[74] Komsta J,van Oijen N,Antoszkiewicz P. Integral sliding mode compensator for load pressure control of die-cushion cylinderdrive[J]. Control Engineering Practice,2013,21,(5):708-718.

[75] Ren T,Zhu Z,Yu H,et al. Integral sliding mode controllerdesign for congestion problem in ATM networks [J]. International Journal of Control,2013,86 (3):529-539.

[76] JianXin X,ZhaoQin G,Tong Heng L. Design and implementationof integral sliding-mode control on an underactuated two wheeled mobile robot[J]. IEEE Trans. Ind. Electron. 2014,61 (7):3671-3681.

[77] Xiaoyu Zhang. Integral sliding mode control for non-linear systems with mismatched uncertainty based on quadratic sliding mode[J]. Journal of Engineering,2015,doi:10. 1049/joe. 2015. 0028.

[78] Arie Levant. Sliding order and sliding accuracy in sliding mode control [J]. Intemational Journal of Control,1993,58(6):1247-1263.

[79] Arie Levant. Universal SISO sliding-mode controllers with finite-time convergence[J]. IEEE Transactions on Automatic Control, 2001, 49: 1447-1451.

[80] Arie Levant. Higher order sliding modes, differentiation and output-feedback control [J]. International Journal of Control, 2003, 76 (9): 924-941.

[81] Salah Laghrouche,Franck Plestan,Alain Glumineau. Higher order sliding

mode control based on integral sliding mode[J]. Automatica,2007,43: 531-537.

[82] Giorgio Bartolini,Ferrara A,Elio Usai. Chattering avoidance by second order sliding mode control[J]. IEEE Transactions on Automatic Control, 1998,43:241-246.

[83] Giorgio Bartolini,Alessandro Pisano,Elisabetta Punta,et al. A survey of applications of second-order sliding mode control to mechanical systems [J]. International Journal of Control,2003,(9-10):875-892.

[84] Arie Levant. Principles of 2-sliding mode design[J]. Automatica,2007, 43:576-586.

[85] Man Z,Paplinski A P,Wu H A. Robust MIMO terminal sliding mode control for rigid robotic manipulators [J]. IEEE Transactions on Automatic Control,1994,39(12):2464-2468.

[86] Arie Levant. Robust exact differentiation via sliding mode technique[J]. Automatica,1998,34(3):379-384.

[87] J Pico,E Pico-Marco,A Vignoni,et al. Stability preserving maps forfinite-time convergence:Super-twisting sliding-mode algorithm[J]. Automatica, 2013,49:534-539.

[88] Arie Levant, Shihua Li, Xinghuo Yu. Accuracy of some popular non-homogeneous2-sliding modes[J]. IEEE Transactions on Automatic Control, 2013,58(10):2615-2619.

[89] Andrei Polyakov,Alex Poznyak. Lyapunov function design for finite-time convergence analysis:"Twisting" controller for second-order sliding mode realization[J]. Automatica,2009,45(2):444-448.

[90] Andrei Polyakov,Alex Poznyak. Reaching time estimation for "Super-Twisting" second order sliding mode controller via lyapunov function designing[J]. IEEE Transactions on Automatic Control,2009,54(8): 1951-1955.

[91] Giorgio Bartolini,Alessandro Pisano,Elio Usai. On the second-order sliding mode controlof nonlinear systems with uncertain control direction[J]. Automatica,2009,45:2982-2985.

[92] Mara Tanelli,Antonella Ferrara. Enhancing robustness and performance

via switched second order sliding mode control[J]. IEEE Transactions on Automatic Control,2013,58(4):962-974.

[93] 李鹏. 传统和高阶滑模控制研究及其应用[D]. 长沙:国防科学技术大学,2011.

[94] Yu X H,Man Z H. Fast terminal sliding mode control of SISO nonlinear dynamical systems [J]. IEEE transaction on Circuits and Systems: Fundamental Theory and Applications,2002,49(2):262-264.

[95] 颜闽秀. 几类控制系统的若干滑模控制问题研究及应用[D]. 沈阳:东北大学,2008:10-40.

[96] 冯勇,鲍晟,余星火. 非奇异终端滑模控制系统的设计方法[J]. 控制与决策,2002,17(2):194-198.

[97] Emadi A,Rajashekara K,Williamson S S,et al. Topological overview of hybrid electric and fuel cell vehicular power system architectures and configurations [J]. Vehicular Technology,IEEE Transactions on,2005, 54(3):763-770.

[98] AbdElhafez A A,Forsyth A J. A review of more-electric aircraft[C]. Proceedings of The 13rd international conference on Aerospace Science and Aviation Technology conference,2009:26-28.

[99] Hirst M,McLoughlin A,Norman P J,et al. Demonstrating the more electric engine:a step towards the power optimised aircraft [J]. IET electric power applications,2011,5(1):3-13.

[100] Morioka N,Oyori H. Fuel pump system configuration for the more electric engine[R]. SAE Technical Paper,2011.

[101] 王春行. 液压控制系统[M]. 北京:机械工业出版社,2011.

[102] 胡晓煜. 罗尔斯·罗伊斯公司引领未来多电发动机技术[J]. 中国民用航空,2003(9):60-62.

[103] 徐龙祥,周波. 磁浮多电航空发动机的研究现状及关键技术[J]. 航空动力学报,2003,18(1):51-59.

[104] 吴志琨,李军,时瑞军. 多电航空发动机研究现况及关键技术[J]. 航空工程进展,2012(4):463-467.

[105] 王戈一. 磁悬浮多电发动机的研究[J]. 燃气涡轮试验与研究,2007,20(4):15-18.

[106] 朱新宇. 多电飞机及其技术发展分析[J]. 民用飞机设计与研究, 2007 (04):17-22.

[107] 方昌德. 多(全)电发动机[J]. 燃气涡轮试验与研究, 2002(2):54-58.

[108] Lingfei Xiao, Yue Zhu. Sliding mode output feedback control based on tracking error observer with disturbance estimator[J]. ISA Transactions, 2014,53(4):1061-1072.

图书在版编目（CIP）数据

航空动力系统滑模控制 / 肖玲斐著. —杭州：浙
江大学出版社，2018.3
ISBN 978-7-308-16966-0

Ⅰ.①航… Ⅱ.①肖… Ⅲ.①航空－动力系统－控制
－研究 Ⅳ.①V228

中国版本图书馆 CIP 数据核字（2017）第 126775 号

航空动力系统滑模控制

肖玲斐　著

责任编辑	王　波	
责任校对	汪淑芳	
封面设计	续设计	
出版发行	浙江大学出版社	
	（杭州市天目山路 148 号　邮政编码 310007）	
	（网址：http://www.zjupress.com）	
排　　版	杭州中大图文设计有限公司	
印　　刷	虎彩印艺股份有限公司	
开　　本	710mm×1000mm　1/16	
印　　张	10	
字　　数	174 千	
版 印 次	2018 年 3 月第 1 版　2018 年 3 月第 1 次印刷	
书　　号	ISBN 978-7-308-16966-0	
定　　价	32.00 元	